Batterien 41

Jean Baudrillard

Cool Memories 1980–1985

Matthes & Seitz

Die Übersetzung aus dem Französischen besorgte Michaela Ott.

 Herstellung: Bettina Best, München. Satz: Fertigsatz, München. Druck und Bindung: Mühlberger, Augsburg. ISBN 3-88221-248-9

Oktober 1980

The first day of the rest of your life.

Der Urschock des Geblendetseins durch die Wüsten und Kalifornien ist vorüber, und doch – gibt es wohl etwas Schöneres auf der Welt? Das ist unwahrscheinlich. Es muß also so sein, daß ich, once in my life, auf den schönsten Ort gestoßen bin, den ich je sehen werde. Auch muß es wohl so sein, daß ich die Frau getroffen habe, deren Schönheit mich am meisten bestürzt, die zu verlieren mich am meisten verletzt hat. Eine zweite Begegnung dieser Größenordnung ist unwahrscheinlich – die Frische und Unbefangenheit des Ereignisses wären jedenfalls dahin. Ebenso muß es wahrscheinlich sein, daß ich das beste oder die besten Bücher geschrieben habe, die ich jemals schreiben werde. Es ist vorbei, so ist es, und es ist ganz und gar unwahrscheinlich, daß eine wiederholte Erleuchtung dieses nicht mehr rückgängig zu Machende ändern wird.

Genau hier beginnt der Rest des Lebens.

Aber der Rest ist das, was dir obendrein gegeben wird; und es liegt ein Zauber und eine besondere Freiheit darin, alles der Gnade oder der Langeweile eines späteren Schicksals zu überlassen.

Es gibt immer die Möglichkeit, sich zu sagen, daß nicht morgen, sondern übermorgen der erste Tag vom Rest des Lebens sein wird. Weder dieses Gesicht noch diese Landschaft, sondern das unmittelbar darauffolgende. So kommt es, daß die dreizehnte immer noch die erste ist, und es ist immer die Einzige.

Die Ordnung der Welt hat immer recht – so lautet das Urteil Gottes. Denn Gott ist verschwunden, aber er hat sein Urteil zurückgelassen, wie die Chesterkatze ihr Lächeln zurückläßt.

Die Melancholie ist ähnlich gezwungen, sie zeugt von gleicher Affektiertheit, wie die Lebensfreude – wer ist schon glücklich im Leben? Die Menschen wie die Dinge sind natürlicherweise matt, niedergeschlagen und erscheinen glücklich nur durch eine übermenschliche Anstrengung, wozu es eben großer Künstlichheit bedarf, die eigentlich viel besser zur Involution der Dinge paßt.

Es gibt eine Sehnsucht der Dialektik, zum Beispiel bei Benjamin und Adorno. Auch die scharfsinnigste Dialektik endet immer in Nostalgie. Demgegenüber gibt es aber tiefliegender (ebenfalls bei Benjamin und Adorno) eine *Melancholie* des Systems, die unheilbar ist und unverwundbar für die Dialektik. Durch die ironische Transparenz der Formen gewinnt sie heutzutage die Oberhand.

Die Wahrheit ist das, was man so schnell wie möglich loswerden und an jemand anderen weitergeben muß. Wie bei der Krankheit ist das die einzige Art, von ihr geheilt zu werden. Wer an der Wahrheit festhält, hat verloren.

Auf jeden Fall sind wir verurteilt zum sozialen Koma, zum politischen Koma, zum historischen Koma. Wir sind zum anästhesierten Verschwinden verdammt, zum fading in Anästhesie. Also ebenso gut in den Zuckungen des Terrorismus draufzugehen wie gleich Ektoplasmen zu verschwinden, die selbst ein Immunisierter nicht mehr zum Leben würde erwecken wollen, um sich selbst Angst zu machen.

Man weiß nie, wovon man verführt wird. Sicher ist, daß es dir bestimmt war. Es gibt kein Gefühl, daß eine solche Gewißheit nach sich zöge. Etwas wird einem mit einemmal ungefragt geschenkt – es wird dir angeboten, die schreckliche psychologische Arbeit abzustreifen, zu der wir noch sicherer verdammt sind als zur sozialen Arbeit, und lebend die vollkommene Absolution zu erlangen.

Beim Drehen eines Pornofilms fügt sich eines der Mädchen allen Stellungen, ohne das Gesicht zu verziehen – blond mit schwarzem Samt um den Hals. Ihre Gleichgültigkeit ist verführerisch.

Mitten in der Orgie raunt ein Mann der Frau ins Ohr: What are you doing after the orgy?

Nicht die Figur der Verführung ist mysteriös, sondern die des Subjekts in den Fängen seines eigenen Wunsches oder Bilds.

Auch der Tod glänzt durch Abwesenheit.

Eine wunderbare, bezaubernde Gelenkigkeit, eine luftige Plötzlichkeit: die Katze.

Jede Verführung ist katzenhaft. Als ob die Erscheinungen plötzlich von alleine funktionierten und sich mühelos aneinanderreihten.

Katzenhaftigkeit der Erscheinungen. Nichts wird freigesetzt, alles wird gebunden. Denn Katzenhaftigkeit ist nichts anderes als souveräne Verkettung von Körper und Bewegung.

Mehr als die genießenden Frauen sollten wir solche lieben, die nur so tun, als ob sie genießen würden und eine gewisse Distanz und Jungfräulichkeit während des Liebesspiels bewahren, denn sie kommen der Vergewaltigung entgegen.

Die Tiefe ist nicht mehr, was sie einmal war. Denn während das 19. Jahrhundert eine lange Zerstörungsarbeit am Schein zugunsten des Sinns betrieben hat, folgte im 20. Jahrhundert eine nicht weniger gewaltige Zerstörungsarbeit am Sinn... zu wessen Nutzen? Wir haben nun weder den Schein noch den Sinn zum Genießen.

Lacan hat recht: die Sprache vermittelt nicht den Sinn, sie ist da an der Stelle des Sinns. Daraus ergeben sich nicht Struktureffekte, es sind solche der Verführung. Nicht ein Gesetz regelt das Spiel der Signifikanten, sondern eine Regel bestimmt das Spiel des Scheins. Aber vielleicht besagt all das dasgleiche.

Wenn die Dinge diesen Höhepunkt erreichen, an dem sie sich selbst erhellen und lösen, werden sie genauso auch plötzlich unverständlich und ungreifbar.

Es gibt Kulturen, die haben eine Vorstellung von ihrem Ursprung, aber keine von ihrem Ende.

Es gibt andere, die sind von beidem besessen.

Zwei weitere Haltungen sind möglich: nur eine Vorstellung vom Ende zu haben – wie die unsere – oder weder Ursprung noch Ende zu kennen – wie die Kultur, die kommen wird.

Die Revolution, einschließlich der des Wunsches, verzeiht denen noch weniger, die sie für verwirklicht halten, als ihren Gegnern. So ist es nicht die Revolution, die eine Frau aus mir machen wird. Hier und heute muß man leidenschaftlich die Position des Weiblichen besetzen. Nun ist dies aber für Feministinnen unverzeihlich. Denn diese Bejahung, mit all ihrer geträumten Feminität, die sie miteinbegreift, ist weiblicher, als es je die der Frauen sein wird.

In der unter uns herrschenden Konfusion der Geschlechter grenzt es an ein Wunder, noch das eigene Geschlecht zu haben (Émile).

Frauen sind wie historische Begebenheiten: sie treten beim ersten Mal als Ereignis in unser Leben und haben das Recht auf eine zweite Existenz als Farce. Ereignis der Verführung, Farce der Psychologie. Ereignis der Leidenschaft, Farce der Trauerarbeit.

Glücklicherweise passiert dasselbe auch in die andere Richtung. Du hast bestimmt die Möglichkeit zu einer zweiten Existenz im Gemüt derer, die du gekannt hast, als melancholische Posse.

An einer einzigen Nuance, an einem einzigen Wort voll unbewußten Hasses merkt man, daß es aus ist. Dennoch muß man den Weg zu Ende gehen, mit all seinen Peripetien der Liebe und deren psychologischen Windungen. All das hat keinen anderen Sinn, als zu seinem ersten Augenblick zurückzuführen, in dem der Bruch aufblitzte. Hierin liegt das Pathetische unserer Psychologie: Am Anfang ist alles da, mit einem Schlag, in einer Gebärde, man muß es dann in seinen Weiterungen ausleben. Und dieser Verlauf wird daran nichts ändern. Das Ganze dient nur dazu, den Göttern das Spektakel der Zeit zu liefern. Die Psychologie ist ein diskursiver Krampf, wenn die Dinge sich lange vorher ereignen, in der fließenden Weise des Strichs, der sie beendet.

Die Philosophie, die Psychologie sind zur selben Zeit gestorben wie der andere und das Begehren des anderen. Nur das leere Zeichen ihres Begriffs leuchtet noch am Himmel, der zum geistigen Simulakrum und pataphysischen Komfort unserer Metropolen bestimmt ist.

Urbino Gubbio Mantua.

Die Schönheit dieser niedrigen Türen, die sich auf eine Raumflucht öffnen, auf eine schwindelerregende Enfilade von vollkommener Rechtwinkeligkeit. Leidenschaftliche Erotik, die sich der geometrischen und hierarchischen Regel dieser Architektur verdankt. Der Übergang von einem Zimmer zum anderen, das Wechseln des Raums ist erotisch. Nicht sexuell: sondern Verführung von jener Idealität, in welcher der Geschlechtsunterschied wie eine feine und ästhetische Evidenz der Zweiheit der Dinge erscheint, eine Innovation, eine Überraschung, noch ehe die manichäische Gewalt des Sexes hereinbricht.

Die Wirklichkeit ist heute nicht mehr von ihrem Double bedroht (Rosset): sie wird es durch ihre eigene Dummheit.

Die *Gabe* (zu moralisch, zu christlich)
die *Verausgabung* (zu romantisch, zu himmelstürmend, zu ästhetisch)
Das *Begehren* (zu energetisch, zu verdrängt, zu befreiend)

Die *Schuld* (nichts wird erlöst – zu religiös)

Alle analytisch-revolutionären Utopien drehen sich um diese vier «Begriffe», die sich wechselseitig spiegeln. Darüber hinaus gibt es paradoxere Häresien. Die Souveränität (Bataille), die Grausamkeit (Artaud), das Simulakrum (Klossowski). Die Verführung.

Schönheit des aztekischen Mythos: durch ihren Tod bringen die Götter nacheinander Licht, Sterne, Himmel, Erde und Menschen hervor.

Wie die Guarakistämme den Menschenüberschuß gleichsam in Selbstmordeuphorie an die Ränder des Ozeans führten, wo er verschwand, so bringt die Analyse die Begriffe an die Grenze ihrer absoluten Umkehrbarkeit, zu ihrer Auflösung in der ozeanischen Gestalt der schwindelerregenden Metapher, die sie absorbiert.

Warm und weich und subtil: der Körper vor der Liebe.
Frisch, weich und dehnbar: das Fleisch der Verführung.
Beweglich und wild und metaphysisch: das Gesichtsäußere.
Weich und müde und subtil: der Körper nach der Liebe.

Was polar und axial war, ist orbital und nuklear geworden.
Was historisch und genetisch war, ist taktisch und medienhaft geworden.

Was perspektivisch und bezüglich war, ist taktil und involutiv geworden.

Was final und kausal war, ist zufällig geworden.

U.s.w., u.s.w. ...

Die Analyse ist Teil des riesenhaften Prozesses der Sinnvereisung. Der Wettbewerb der Theorien ist ganz und gar sekundär gegenüber ihrem Zusammenwirken im Vorgang der Analyse und im Bemühen um Transparenz. Was immer man analysiert und wie immer man es tut, man trägt nur zur Ausbreitung der wüstenhaften und gleichgültigen Ausformungen bei.

Glücklicherweise bleibt die Dummheit das Allerheiligste des Referenten, der unzerstörbare Zufluchtsort des Sinns. Unglücklicherweise ist sogar dieser fundamentale Quatsch nur mehr ein fossiles Ungeheuer. Wer an den Sinn glaubt, wird am Sinn zugrundegehen, wenn auch gut eingehüllt in die Ironie des Scheins.

Ein Fest, zu dem jeder die dümmste Person mitbringt, die er kennt. Der mit der allerdümmsten wird gewinnen. Eine abenteuerliche Wette. Denn auf Dummheit kann man nicht bauen. Es ist durchaus möglich, daß ein intelligenter Mensch im Laufe des Abends eine Dummheit sagt oder ein dummes Wesen etwas Gescheites vorbringt oder einfach Schweigen bewahrt und so denjenigen, von dem es mitgebracht wurde, lächerlich macht. Jener, der in Begleitung erschien, ist nicht mehr der, für den man ihn hielt. Die Intelligenz spekuliert mit der Dummheit, sie vergißt, daß jede auf die Spitze getriebene Qualität Herr jeder anderen wird. Wie im Spiel mit Schere, Blatt und Papier bringen die Zyklen immer die höheren Mächte zum Unterliegen. Zur Macht X erhoben, bringt die Dummheit die Intelligenz zum Scheitern, sie bereitet ihr geradezu ihr Fest. Dazu aufgerufen, als Spiegel zu dienen, wird sie wieder verführerisch, die Intelligenz jedoch hassenswert.

Die Leukämie als Überschuß an weißen Blutkörperchen auf Kosten der roten, sie ist überall in der Welt. Ebenso wie das Weiß, die Neutralisierung des Farbspektrums im weißen Licht, die Neutralisierung der Schminken, der Kunstgriffe, der gewaltsamen Verführungen in der Ausgezehrtheit unserer weißen Kultur. Die Universalität dieser Kultur ist die der Trauerfarbe. Schön, wenn sie die des Schnees oder des Salzes ist, tödlich, wenn sie die des Bluts in der Leukämie, der Stimme in der Stimmlosigkeit, des Terrors des Sinnesentzugs ist – Ende der rassischen Hautfarben, Weiß des Operationalen.

Wenn wir das zweideutige Wesen der Technik betrachten, gewahren wir die Konstellation, die Sternenbewegung des Verborgenen (Heidegger).

Weder Hysterie noch Schizophrenie oder Paranoia lauern uns auf (auch wenn sie logischerweise in den kommenden Jahren noch zunehmen dürften), sondern auf längere Sicht die Melancholie. Mit ihrer Vorläuferin, der Hypochondrie, dieser lächerlichen Zeichenträgerin der überbesetzten, enervierten und durch Involution getrübten Körper und Organe. Alle Systeme, besonders die politischen, sind womöglich hypochondrisch: sie verwalten und führen ihre eigenen toten Organe ein.

Die der Leidenschaft entgegengesetzte Verfassung ist die der Genesung. Wir befinden uns im sexuellen Genesungszustand – wohl will jeder immer noch verführen, ist aber von vornherein zu schlaff für die sexuellen Weiterungen. Verführen bleibt die einzige vitale Intensität, der Sex macht müde, ist nur Lustzugabe.

Sie ist in einem anderen Flugzeug nach Frankfurt geflogen. Die modernen Transitformen eröffnen unerhörte Möglichkeiten und zerstören sie ebenso plötzlich. Die Medien halten uns auf dem Laufenden, die Flughäfen bringen uns auseinander.

Triest – der europäische Nihilismus hat hier den Charme herbstlicher Reben, die im Südwind ins Meer hängen, herab von karstigen Klippen, an deren Horizont Erdölraffinerien wie Endlösungen leuchten. Einige Begriffe, die zu flüssig sind, um die Gegenwart lange zu beherrschen, drehen sich auf dem Kamm der Wellen, auf der ironischen Transparenz des Meers.

Frauenhände sind rührend, brennend, zerbrechlich. Sie sind als Symbol einleuchtender und durchsichtiger als das Geschlecht. Sie und die Haare. Hätte sie sich die Hände abgeschnitten, um sie ihm zu schenken, wenn er ihr gesagt hätte, daß sie noch verführerischer sind als ihr Blick, wo sie ihm schon ihre Augen geschenkt hatte?

Unbelebte, durchsichtige Hände, Hände von aufeinander eifersüchtigen Frauen.

Schein ist wie Frische eine Leidenschaft. Von der Wahrheit kann man besessen sein, für den Schein dagegen nur Leidenschaft entwickeln. Er ist ein zeremonieller Akt, wie es der Denkvorgang nie ist. Während die Intelligenz die verführerische Form des Denkens ist, wie das Geheimnis die verführerische Form der Wahrheit.

Die sich an die Produktionsweise klammernde Leidenschaft heißt Eifersucht: Gott, der eifersüchtig ist auf die Realität, eifersüchtig auf den Schein, eifersüchtig auf den Sinn, eifersüchtig auf die Interpretation, ein eifersüchtiger Wächter über die Waren und ihren Tausch. Aber auch die Ideen können eifersüchtig sein auf ihren Sinn, die Frauen auf ihre Schönheit, die Opfer auf das Vorrecht des Opferseins und die Begriffe aufeinander.

Nichts wird je der zeremoniellen Hartnäckigkeit gleichen, mit der die Bäume ihre Pracht, das Licht sein tägliches Erlöschen, Wind und Tod ihren ununterbrochenen Zyklus entfalten. Die eigene Leidenschaft des Schweigens. Die Idee ist nur eine paradoxe Spinndüse.

Zwei Formen des Bruchs: die eine aufgrund von Entfernung, die andere infolge zu großer Nähe. Ladehemmung, Charmehemmung. Eine solche tagtägliche Nähe kann, während man tausende von Wüstenkilometern zurücklegt, ebenso unerträglich werden wie ein Verbrechen. Tatsächlich ist es etwas derartiges gewesen.

Wenn der Schnee mit dieser übernatürlichen Langsamkeit fällt, scheinen die Gründe zum Sterben zarter zu sein als die, um zu leben. Vielleicht aber sind letztere zahlreicher.

Die einzigen Frauen, die man liebt: die, deren Gesichter einem unendlich nahekommen und deren immer klarer werdende Züge man berühren kann, die zu unendlicher Liebkosung reizen und Wunder sind, in die das sinnliche Gefühl hineinstürzt: in eine Betrachtung tausender reiner Zeichen, das ganze Geschlecht in einem Bewunderungseffekt zusammengefaßt. Die einzige Theorie, die verführt: die, deren Begriffe ins Unendliche zurückweichen, sich in immer extremeren Zügen verlieren und sich für unbestimmte Paradoxa hergeben, bis hin zu dem Trägheitspunkt, an dem das Begriffsgefühl in der Entdeckung von Tausenden reiner Zeichen und der Leidenschaft ihres Verschwindens versinkt.

Dr. Seltsam müßte uns beruhigen: der atomare Knall ist so unwahrscheinlich, daß ihn in unserer Vorstellung nur ein Verrückter auslösen könnte: ein Zeichen dafür, daß unsere Vorstellungskraft dieser Eventualität nicht gewachsen ist. Die Realität übrigens auch nicht.

Zur atomaren Bedrohung ist längst alles gesagt. Nichts ist jemals eingetreten. «Unsere Unterseeboote sind so unverletzbar, unser Gegner weiß darüber Bescheid, u.s.w.». Nichts wird je stattfinden. Ein System gleichgültigen Entsetzens. Wir befinden uns aufgrund der Möglichkeit der Zerstörung wie im Glaskasten. Lahmgelegt durch die Tatsache, daß es nie eintreten wird. Dieser endgültige Suspense ist unsere vorläufige Ewigkeit.

Wenn es zu anderen Zeiten eine gute Strategie gewesen ist, Entfremdungseffekte zu sammeln, ist das heute Sicherste die Anhäufung von Gleichgültigkeitseffekten. Einen Indifferenzherd schaffen, wie er rund um gewaltige Absorptions- und Ableitungsprozesse entsteht.

Einen Abgrund auftun, durch den die umgekehrten Energien sich in den differentiellen Geschwindigkeiten, nach dem wunderbaren Schema des Maelstroms von Edgar Allan Poe, verfangen können. Oder auch: nur ein holographisches Phantom sein, eine Laserform – damit man um so leichter, ohne Aufmerksamkeit zu erregen, verschwinden und die anderen dem Realen als Fraß überlassen kann.

Denn das Sterben hilft nichts, man muß zu verschwinden verstehen.

Das gleiche Schwindelgefühl, wenn man Gesichtszüge von nah und Wolkenkratzer im Gegenlicht sieht. Schwindel der Anamorphose. Schönheit der Wangen oder Lippen, die glatthäutig wie eine Wüste sind, der nur die des Wolkenkratzers gleicht, den man von unten wie einen umgedrehten Schlund betrachtet.

Die Demokratie ist die Menopause der westlichen Gesellschaften, die große Menopause des sozialen Körpers. Und der Faschismus ist ihr Dämon des Mittags.

Wenn alles in einen zweiten Zustand imaginärer Latenz rückgebildet ist und doch weiterhin von Endlösungen träumt, wenn sich alle Spannungen in uns in einem unterbewußten Zustand auflösen, dann gilt es noch das Trägheitsmoment zu finden und alles durch Zerstörung zu normalisieren.

Der wirklich künstliche Satellit ist die Masse des flottierenden Geldes, das die Welt mit seinem Ring umschließt. Das zum reinen Artefakt gewordene Geld mit seiner Sternenbeweglichkeit und seiner plötzlichen Tauschbarkeit hat endlich seinen wahren Platz gefunden, ungewöhnlicher als der Stock Exchange: die Kreisbahn, zu der es aufsteigt und auf der es wie eine künstliche Sonne versinkt.

Das Schwarze ist die Verhöhnung des Weißen. Der wunderbare Amin Dada, der sich im Triumph von vier englischen Diplomaten tragen, der sich vom Papst empfangen läßt. Der wunderbare Bokassa, der kleine schwarze Kinder frißt und den westlichen Würdenträger mit Diamanten überhäuft. Nie wurde die Vorstellung von Macht auf so ubueske Weise wie in Afrika ins Lächerliche gezogen. Der Westen muß sich gewaltig anstrengen, um diese Generation affenähnlicher und banalisierter Despoten auszutilgen, die aus der ungeheuerlichen Kreuzung des Dschungels mit den strahlenden Werten der Ideologie hervorgegangen sind.

Denken wir nur an die Hexer, zu denen in den Wald die Lumpenproletarier des Busches am Abend zurückkehrten, um in epileptischen Trancezuständen mit Schaum vor dem Mund den weißen Angestellten, den weißen Chef von Abidjan und sogar die Lokomotive zu mimen! Lauter Bokassas und Amin Dadas. Phantastisch. Keine Hoffnung für diesen Kontinent. Alle Peace Corps werden sich darin verheddern. Diese Macht der Verhöhnung, diese Verachtung Afrikas für seine eigene «Authentizität».

Die Macht und die Politiker sind widerlich, weil sie nur die Tiefe der Verachtung von Menschen gegenüber ihrem eigenen Leben verkörpern. Ihre Niedrigkeit gleicht der von Beherrschten, die darin noch ein Mittel sehen, sich frei zu machen. Man muß dem Politiker danken, daß er die Schmutzigkeit der Macht auf sich nimmt und die anderen davon fern hält. Sie bringt ihn sicherlich um, er aber rächt sich, indem er den Kadaver der Macht an die anderen weitergibt. Diese uralte vererbte Funktion ist nie bestritten worden.

Man gibt bekannt, daß die Vereinigten Staaten Afrikas ein Ethnologenreservat im Herzen Afrikas angelegt haben. Jene sollen beschützt, unter idealen ökologischen Überlebensbedingungen gehalten und zu bestimmten Stunden gefüttert werden, wie es in ihren Herkunftsländern üblich ist. Das Reservat ist allen Afrikanern verboten, sei es zu philantropischen, wissenschaftlichen oder kannibalischen Zwecken, oder aus Angst, das natürliche Gleichgewicht dieser Menschenschar zu stören oder ihre schon sehr bedenkliche Reproduktion zu gefährden. Die afrikanischen Staaten versichern, daß alles darangesetzt wird, diese vom Aussterben bedrohten Völkchen zu retten: das Wichtigste ist, daß es radikal von der Außenwelt abgeschirmt bleibt. Der erste Versuch in diese Richtung wurde einst von Leuten aus dem Tschad unternommen, die von der französischen Regierung teuer dafür bezahlt wurden, um eine Madame Claustre, eine Anthropologin, bei sich zu behalten – sie entzogen sie auf diese Weise dem Zugriff der Weißen, welche sie nur der wissenschaftlichen Prostitution opfern wollten. Dieser fast zufällige Hergang löste eine Flucht aller westlichen Ethnologen in die afrikanischen Reservate aus, wo sie endlich die Zeit fanden, sich der Beobachtung der einzigen Ethnie zu widmen, die diesen Namen verdiente, ihrer eigenen nämlich. Umgekehrt traten alle Tiere der Savanne bei ihrem Erscheinen die Flucht in die städtischen Zoos an, die Afrikaner selbst zogen sich auf die Missionsstationen zurück, aus Furcht, von den Ethnologen verschlungen zu werden, die hinterrücks zu Kannibalen geworden waren.

Es hat immer etwas Anrührendes, wenn eine Frau ihre Schuhe auszieht und vor einem plötzlich kleiner wird. Sie wird zauberhaft winzig, und gleichzeitig ändert sich ihr Gesicht. Sie enthüllt die Intimität da, wo sie am verführerischsten ist.

Verschiedene Ebenen der Abscheulichkeit.
Eine DC 10 stürzt im Wald von Ermenonville ab. 350 Personen in ungefähr 12 000 Einzelteile zerlegt. Das haben andere Gesellschaften auch gemacht, mit anderen, weniger künstlichen Mitteln und ruhi-

geren Bluts. Die uns eigene Grausamkeit, die uns von allen andern unterscheidet, besteht darin, die Stücke aufgesammelt und computerbehandelt zu haben, um die toten Körper zu identifizieren. Zu Erbschafts- und Versicherungszwecken, und darüber hinaus zu obsessionellen Wiederherstellungszwecken.

Dieser Einsatz der synthetisierenden Technologie zur Behebung der Schäden tödlicher Technologien macht uns im eigentlichen aus. Das Wiedereinsammeln der Muskelstücke von Ermenonville zeigt dieselbe Haltung wie die labormäßige Wiederherstellung der Mumie Ramses II.

Unsere Scheußlichkeit verhält sich umgekehrt zu der früherer Jahrhunderte. Sie tilgt Blut und Grausamkeit durch Objektivität. Weiße, programmatische, blutleere Greuel als Entsprechung zur weißen Folter der Isolationszellen.

Die schönste körperliche und geistige Übung ist die Wanderung durch eine unbekannte Stadt in einem bestimmten Licht, eine geheime Zirkulation in der Jungfräulichkeit der dennoch von der Metropole verdorbenen Zeichen, mit architektonischen Überraschungen, müde, mit in Alarmbereitschaft versetzten Sinnen, mit einem durch den Spaziergang leichter gewordenen Körper, in einem anderen Zustand, in dem alle Dispositive der Intuition sehr schnell funktionieren. Die Stadt packen, wie sie sich vor einem auftut, bevor sie die Bühne betritt, die Menschen und ihre dem Fremden vertraute Sprache flottieren lassen... Dann kommen die Anhaltspunkte zurück, Sinn entsteht, hier und da, in Splittern. Aber dieses Phänomen ist köstlich. Und doch bedeutet es das Ende. Die Müdigkeit siegt über den Zustand der Entrückung.

Paranoisch mit dem Feuer
Obsessionell mit der Erde
Schizophren mit dem Wasser
Hysterisch mit dem Wind
Alle geistigen Zeremonien haben eine unteilbare Form.

Die Willensregung ist nur mehr ein Symptom des Willens, das, was von ihm in einer enervierten Welt übrigbleibt.

Wir befinden uns nicht mehr im Zeitalter des Willens,
sondern der Willensregung
Wir befinden uns nicht mehr im Zeitalter der Regelwidrigkeit,
sondern der Anomalie
Wir befinden uns nicht mehr im Zeitalter des Ereignisses,
sondern der Eventualität
Wir befinden uns nicht mehr im Zeitalter der Tugend,
sondern der Virtualität
Wir befinden uns nicht mehr im Zeitalter der Macht,
sondern der Potentialität
u.s.w., u.s.w.

Absolution der Geschwindigkeit – die des geschmeidigen schnellen Ultramodernen, das über die düsteren und unklaren Ebenen des Nordens flitzt. Und da, mittendrin, eine aufgeschobene Lebensentscheidung, unmöglich, sie zu treffen. Alle Entscheidungen sind im übrigen aufgeschoben, alle Willensregungen häufen sich am Firmament. Verschiedene leidende Leben widersprüchlicher Frauen. All das ist unlösbar, aber die katzenhafte Bewegung des Zugs verleiht ihm noch Charme. Die Weichen sind wie unser Bild, ihr Herz vervielfacht die Zärtlichkeit der ironischen Schienenwege.

In einer ultrasichtbaren, ultrarealen, transparenten und operationalen Welt kann man nur noch auf schweigende Wirkung bauen.

Es gibt nichts Schöneres als eine Frau, von der du durch einen Spiegel getrennt bist, durch den Spiegel ihrer eigenen hysterischen Spekulation auf die Welt, den Spiegel der Zärtlichkeiten, die sie verweigert und mit denen du sie im Geiste belastest, den Spiegel ihres Mordes, den sie ohne ihr Wissen begeht. Man muß geduldig, eine ganze Ewigkeit lang, vor diesem Spiegel warten, der sie in ihrem Heiligenschein mit dem silbrigen Glanz der Gefahr umgibt. Eines Tages gibt der Spiegel nach, er rutscht wie ein Kleid herunter und vor einem liegt nur die Asche der Hysterie, die Spur einer geistig unterworfenen Frau.

Es gibt Augen, die wiegen alles zukünftige Unglück auf, es gibt Zukünftiges, das wiegt alle früheren Leben auf, wenn die, welche die Nacht über bei dir war, einen nun auch durch die Stadt treibt.

Zu Freud: er machte aus der Wollust ein Prinzip.
Zu Lacan: er machte aus dem Spiegel ein Stadium.

Die Schreiber der Apokalypse waren methodische Leute, die einander lieber Briefe über Briefe schrieben, als den Antichrist selbst zu befragen.

Palermo.

Die Leute fahren dort Auto nach dem grausamen Zeremoniell eines herausfordernden, animalischen Tanzes, es ist eine Aufforderung an der mörderischen Grenze des Selbstmords, wo doch zuletzt eine elliptische Geste die Spielregel rettet. Tiere fordern einander so aus Überlegenheit heraus, ohne sich zu töten. Die gewaltsame Rhetorik des hard driving, aber auch die ganze Szenographie der Stadt, sie rühren aus dieser beständigen Umgehung des Todes.

Über dieses archaische Zeremoniell, das die modernen Techniken in einen Strudel ohne Ende zieht (um drei Uhr morgens fahren die Autos noch wie wahnsinnig über die monumentale Geometrie) wachen seit sechs Jahrhunderten, wie Vorfahren aus einem Sciencefiction-Film, riesige Fikuspflanzen und Mangrovenbäume, vorsintflutliche Rhizombäume, halb Reptil, halb Eingeweide und tentakelhaftes Mineral, in denen der Saft im Netz der Stalaktitenzweige kreist, die zu Boden fallen und sich dort verwurzeln – Bäume ohne Ende, weder Tier noch Pflanze, würdig einer barbarischen Verehrung, und von barocker Verschlungenheit wie diese Stadt in ihrer Todeskultur.

Es liegt etwas Stupides in dem nackten Ereignis, demgegenüber das Schicksal, wenn es existiert, nicht gleichgültig bleiben kann. Es liegt etwas Dummes in der Evidenz und Wahrheit, wovon uns eine höhere Ironie nichts zukommen lassen kann. So wird alles auf die eine oder andere Weise abgebüßt. Und das Vergessen oder die Trauer sind nur die Zeitspanne, die zur Umkehr nötig ist.

Eine bekleidete Frau:
Pflicht, sie anzuschauen, verboten, sie zu berühren.
Eine entkleidete Frau:
Pflicht, sie zu berühren, verboten, sie anzuschauen.
Aber dies ist sicherlich gerade dabei, sich zu ändern.

Der gestreifte Raum des Lebens, der glatte der Melancholie. Kein Plan mehr, weder fürs Lieben noch fürs Schreiben. Bleibt der fürs Leben, wie ein oberflächlicher Raum, durch den eigenartige und flatterhafte Objekte ziehen, lauter Formen ohne Morgen.

Man kann schöne Dinge machen, nur um sie loszuwerden. Ohne Stolz, ohne Eitelkeit – nur zum Ausstoß: ich schwöre meiner Trägheit ab durch die Tat. Das sind nur Exorzismen, mit Hilfe derer ich mich dieser schweren Materie des Daseins entledige. Nichts, was auf diese Weise geschieht, wird nützliche oder denkwürdige Folgen haben. Es geht darum, das Leben, den Sex, die Energie und das Gedächtnis auszukosten, bevor es zu spät ist.

In jedem Leiden oder Vergnügen liegt der geheime Wunsch, damit so schnell wie möglich fertig zu werden, und die Befriedigung, einen Augenblick lang von der Existenz freigesprochen zu sein. Je schneller das Ende kommt, um so länger ist die Absolution.

Emphatische und kleinbürgerliche Vision: «Ich habe getan, was ich zu tun hatte, man möge mir vergeben und mich in Frieden lassen.» Sicht mit Charakter: «Ich bin unverantwortlich, euer Wunsch geht mich nichts an, ich kann auf euch verzichten». Wehmutsbild: «Die erträumte Existenzweise ist die leere Form, denn sie kann jederzeit von einem unvorhergesehenen Ereignis durchkreuzt werden.»

Immer mit Männern und Frauen jüngerer Jahrgänge gelebt. Kein Gefühl von Altersunterschied. Aber unvermutet sind meine Bekannten 35/40 Jahre alt. Anstatt sie damit als noch näherstehend zu empfinden, fühle ich mich von ihnen durch eine Generation getrennt. Die meisten, denke ich, entgehen dieser plötzlichen Veränderung des Altersunterschieds durch Projektion auf die eigenen Kinder.

Immer dieses naive Gefühl, daß Licht, Feuer und Trockenheit bei den Menschen nur feinste Leidenschaften erwecken und daß die schweren und provinziellen nie woanders als im Norden und in der Kälte gedeihen können, abhängig von einem Konservierungsinstinkt. Leider ist es nicht so – die ganze Welt ist, wie San Antonio sagt, nur eine Unterpräfektur.

Jedes Leben hat zwei Bahnen: eine lineare und unwiederbringliche des Alterns und des Todes – sowie eine zweite, elliptische und umkehrbare, eine der Drehung derselben Figuren, die aufgrund einer Verkettung weder Kindheit noch Tod noch das Unbewußte kennt und nichts hinter sich zurückläßt. Diese Verkettung durchkreuzt beständig die andere und löscht manchmal auf einen Schlag deren Spuren aus.

Primär, wild, ungepflegt, unverantwortlich, ein Bauer, ein Egoist, unbewußt, asozial – ohne Referenz, ohne Dankbarkeit, jede Kultur verfluchend, fremd gegenüber jedem Affekt, allergisch gegen jede Verwandtschaft. Auf dieses unfeine Material stützt sich eine Theorie der Simulation. Auf welche Verkennung der Spiele der Zeichen und der Liebe baut eine Theorie der Verführung! Glücklicherweise geht all das aus einem Doppelleben hervor, das die Charakterschönheit der Schrift haben kann.

Die Souveränität des Objekts, die auf dem Fehlen des Wunsches gründet, fällt mit dem Schwinden des Affekts in meinem Leben zusammen. Exzentrizität ohne Affekt, weit weg von barmherzigen Kompilationen. Sabbatform der Radikalität.

Eine neue Schimäre, hervorgegangen aus den verkuppelten Formen einer Nänie und einer Gefrierkrabbe, von einem elektrischen Stuhl aus betrachtet, und die nicht ganz geheuren Ephemeriden deklinierend.

Nur Augen, Lippen und das Wort können nicht prostituiert werden, da sie Organe der Divination sind. Einst war auch der Leib weissagend, heute dagegen bietet unser Körper der Wahrsagung zu einfache Lösungen. Früher war auch er seherisch, heute ist er nurmehr eine fleischgewordene Form von Angebot und Nachfrage.

Alles, was man von der Zeit erwarten kann, ist ihre Umkehrbarkeit. Die Geschwindigkeit, die Beschleunigung sind der Traum von der Umkehrung der Zeit. Man hofft, sie in der Beschleunigung wie eine Flüssigkeit zum Sprudeln zu bringen. Es stimmt, daß die lineare Zeit und die Geschichte uns bei ihrem Rückzug die Flüchtigkeit der Raster und der Mode hinterlassen haben, was unerträglich ist. Es bleiben nur die Umrisse eines überzeitlichen Umschlagmoments – einige kurze Sequenzen, einige Drehmomente, wie die, welche die Physiker an bestimmten Materieteilchen beobachten.

Es gibt nur eine einzige Art und Weise, die Dinge zu sehen, diese, die jene hohe Empfindung ihres Verstehens schenkt: eine vollkommen beherrschte Form des Deliriums oder der Simulation.

Zauberwürfel: alle Gedanken in Unordnung, wie die Facetten des Kaleidoskops, ohne daß es jemals gelänge, alle gleichfarbigen auf eine Seite zu bringen. Ein diabolisches und eitles Spiel, ein schönes Symbol der Flickarbeit magnetischer Ideen und ihrer Verwandlung, mit denen wir leben und die uns nur unlösbare Rätsel oder unnütze Synchronieprobleme aufgeben.

Die Umkehrbarkeit ist für unsere Vorstellungskraft kaum nachvollziehbarer als die Essenz des Traumes für einen, der nie geschlafen hat. Wir empfinden sie trotzdem in dieser Form der Hinrichtung der Zeit, die Prädestination heißt: Die Zeichen, die sich da austauschen, werden unmittelbar zu Leitern, ohne daß sie die Dichte der Zeit durchdringen müssen. Bestimmte Fragmente der Sprache gehen die Entwicklung der Sprache zurück und stoßen andere an, durch unerwartete Fügungen ihres einzigen Wortschicksals, gemäß der Bestimmung der Sprache als eklatante Umkehrbarkeit der Sprachtermini.

Jede Frau ist außergewöhnlich, zerbrechlich, unerwählbar, amoralisch, strahlend, unersättlich. Aber sei sie nun schön oder häßlich, sie ist all dies nie ohne Tücke, eben die Tücke des gegenteiligen Scheins, mit dem man auch noch zurechtkommen muß, wie mit dem täglichen Los einer fatalen Eitelkeit.

Die ganze Unterschiedenheit der Geschlechter liegt vielleicht in der Leidenschaft zur formalen Abstraktion und in der Möglichkeit, für diese zu sterben, sei sie auch in einer Frau inkarniert, eher als in der Leidenschaft für ein einzelnes Wesen.

Von jeder beliebigen Frau haben wir schon geträumt einschließlich dem Wunder, das uns in den Genuß versetzte, Frau zu sein, denn die Frauen haben alles, Mut, Leidenschaft, Liebesfähigkeit, List, während sich bei uns nur naiv in der Vorstellung Mutillusion anstaut.

Wir sind wie Katzen, von heimtückischem Parasitentum und gleichgültiger Häuslichkeit. Warm im Sozialen eingebettet, haben sich unsere historischen Leidenschaften im Licht einer künstlichen Intimität gekrümmt, und unsere halbgeschlossenen Augen erspähen nur mehr das friedliche Defilé der Fernsehbilder.

Sterben ist nichts, man muß verschwinden können.

Sterben geschieht durch biologischen Zufall und ist keine Affäre. Verschwinden kommt aus höherer Notwendigkeit. Man darf die Beherrschung seines Verschwindens nicht der Biologie überlassen. Verschwinden heißt, in einen rätselhaften Zustand überzugehen, der weder Leben noch Tod ist. Bestimmte Tiere wissen, wie das geht, und Wilde, die lebend vor den Augen der ihren verschwinden.

Schönheit dieser japanischen Tätowierung auf den Schenkeln der Frauen, die normalerweise unsichtbar bleibt und nur in Augenblicken des Rauschs und der Liebe hervortritt. Die Frau ist mit objektiven Zeichen der Sklaverei versehen (ihr sind die Initialen ihres Liebhabers eintätowiert). Doch was für eine Sklaverei, als Revanche, für den Liebhaber: er ist dazu verurteilt, diese Frau zu rühren und ihr Lust zu verschaffen, sonst wird sie ihm seine Initialen verweigern. Das Spiel der Leidenschaft wird schwieriger. Und was für ein Zauber für den unbekannten, aber gut gewählten Liebhaber, wenn er seinen Namen in der Liebe auf dem Körper der Geliebten aufscheinen sieht.

Wenn dich nichts mehr berührt, mußt du ein Zeichen finden, das an die Stelle der Leidenschaft tritt.

Wenn es keinen Einsatz mehr gibt, muß man eine Regel finden, die an die Stelle der Notwendigkeit rückt.

Ich habe mit der Leidenschaft gespielt, ich habe mit der Zärtlichkeit gespielt.

Ich habe mit dem Bruch gespielt, ich habe mit der Traurigkeit gespielt.

Ich habe den größtmöglichen Ausdruck in der Traurigkeit gebraucht, wie ich mir zuvor das Höchstmaß im Schein der Verführung zugelegt habe. Manchmal kommt es mir sogar vor, als hätte ich immer nur den Schein der Ideen vermittelt. Das ist wohl der einzige Ausweg, der uns in einer spekulativen Welt ohne Ausweg bleibt: die am besten gelungenen Zeichen einer Idee erzeugen.

Oder in einer affektiven Welt ohne Ausweg: die am besten gelungenen Zeichen einer Leidenschaft hervorbringen.

Und ich werde unter den Lidern das süße Hologramm ihrer Nacktheit bewahren.

Nur die Kurve der Dinge ist erinnerbar, aber sie erscheint einem nie. Es gibt wirklich zwei Formen der Spekulation, von denen die eine jede Art Gedächtnis und objektiver Bedeutung verbietet.

All diese Gegenstände, Orte, Gesichter, die so sehr Teil von uns sind, daß sie unsere Einsamkeit noch vergrößern und die wir zwangsläufig lieben müssen, weil sie keine Nachfolger haben werden. Sie haben sich in uns eingerollt, wir haben uns in sie eingerollt: sie haben um uns herum die optische Vorspiegelung der Alltäglichkeit erzeugt. Darüber hinaus können sie, wie ein Spiegel, die Symmetrie unseres Lebens umkehren.

Seit langem haben alle Spektakel die Mauer der Verblüffung überwunden. Was gibt es Komischeres als jene Armeen, die seit dreißig Jahren auf der Stelle exerzieren, in dem leeren Raum des Kriegs? Das ist ein perfektes Beispiel für Simulation, der Prototyp einer Gattung, die zur Vollendung ihrer unnützen Attribute gelangt ist und zu hohen Kosten von ihrer möglichen (im übrigen ganz und gar unwahrscheinlichen) Zerstörung träumt.

Alle einzelnen Melodien werden vom Generalbaß verschlungen, in dem sich der Herzschlag bis nahe zur Ohnmacht steigert. Nachdem die Leute auf ihre Gefühle geschielt haben, lauschen sie heute auf ihre inneren Geräusche, die Geräusche ihrer Körper, wie auf das ewige Tamtam vom Tonband.

Rache? Rache? Nichts geht verloren. Alles kommt immer von allein zurück, pünktlich, ohne daß man etwas dazutun müßte. Rache bringt die Dinge nur durcheinander. (Canetti)

Dasselbe gilt für die Passion: die Anziehung zwischen Menschen und Dingen, ihre leidenschaftliche wie sinnliche Zuneigung kann man so wenig auswählen, wie jede Leidenschaft die Dinge nur durcheinanderbringt. Und die Wahrheit? Sie kompliziert nur die Operation des Geistes.

Die Immaterialität der Zeichen ist mir ebenso fremd wie einer bäuerlichen Rasse, deren zwanghafte Moral, deren Schwere und dummen Altväterglauben ans Reale ich teile, in Wirklichkeit bin ich auf ihrer Seite.

Die Hypothese der Simulation ist nur eine maximalistische Position. Die der Verführung ist nichts anderes als eine formale Abstraktion, das Phantom der Verführung beherrscht mich – im übrigen ist es mir nie gelungen, mich verführen zu lassen. Und das ist gut so: all das ist nur moralische und zerstörerische Leidenschaft.

Der mönchische Verführer träumt von einer manichäischen Spannung zwischen Zeichen und Realem als sublimster Form der Moral. Nur von Zeit zu Zeit ihre blitzschnelle und hypothetische Verbindung... Sogar dann entgeht ihm die Schönheit dieser gewaltsamen Lösung.

Gläubigkeit und Raserei wüten zunächst gegen die Unmöglichkeit des Glaubens, gegen die Zeichen. Die Welt als Zeichen auslöschen, um aus ihr einen Gegenstand des Glaubens zu machen.

Heftige Menschen, stille Tiere, grauer und leuchtender Himmel. Land pastoraler Gaunerei und Armut. Das Meer macht hier nicht denselben nächtlichen Lärm wie im Westen und die Feste stehen hier unter dem Zeichen des Mondes – diesem milchigen Mond, der wie die männliche und leidende Idealität des Islam ist.

Die Tiere behalten ihr Nomadentum trotz aller Domestizierung bei. Zu Tausenden unbeweglich auf den Dünen oder ausgedörrten Weiden kennen sie keine Grenzen, ihr Universum ist die sterile und patriarchale Riesigkeit, sie regulieren das Universum der Menschen.

Ein Universum ohne tierischen Raum, ohne die unterwürfige Regelmäßigkeit der Tiere ist nie mehr dasselbe. Wir kennen es in Europa seit langem nicht mehr. Man braucht einen halben wüstenhaften Raum, ohne Eigentums- oder Demarkationslinie. Indem wir den ganzen Raum in Vierecke unterteilt haben, sind wir von der Wüste und der hierarchischen Unterwürfigkeit losgekommen, die das Außermenschliche respektierte und ihre Befehle von der Seite des Nichtmenschlichen bezog, aus Sternen oder der Tiergottheit, aus Sternbildern oder einer bildlosen Gottheit. Eine wunderbare Entscheidung, diese bildlose Gottheit: es läßt sich nichts Gegensätzlicheres zu unserem modernen Bilderwahn denken.

Götter können nur in Tieren leben und sich verstecken, nur im Reich des Schweigens und des objektiven Stumpfsinns und nicht im Reich des Menschen, in dem des subjektiven Stumpfsinns, der Sprache und der Psychologie. Der Gott-Mensch ist eine Absurdität. Ein Gott, der die ironische Maske des Nichtmenschlichen abwirft, der die tierhafte Metapher verläßt, in der er schweigend das Prinzip des Bösen verkörperte, um sich nun eine Seele und ein Gesicht zu machen, zieht damit auch die heuchlerische Psychologie des Menschlichen an. Die Götter müssen wie Tiere von einer Weide zur nächsten ziehen dürfen. Die Landverteilung war die einzige Möglichkeit, sie zu verbannen.

Sie hatte den schweren Atem verschlafener Münder, die rissigen Lippen hysterischer Frauen, den wirren Sex kalter Frauen und eine Traurigkeit, eine unausrottbare Traurigkeit. Was hätte man ihr ohne Geständnis gegeben? Weder Gott noch Lust – Anmut vielleicht, die wilde Anmut von Katzen in Verteidigungshaltung, die einziehbare Anmut ihrer Krallen und ihrer außergewöhnlich weichen Gänsehaut unter den Fingern, die Anmut eines zerbrechlichen Knochenbaus, der sich nicht wehren kann. Niemand kann etwas für sie tun, sie kann unmöglich beschützt werden, aber ihre ganze Verletzlichkeit ist eine Liebkosung und ihre Einziehbarkeit eine Waffe, während ihr Körper, ihr ganzer Körper sich schwächlich und hinterhältig gibt, um dich zu verführen.

Ich nenne die Frau eine Hure, die sich aus reiner Perversität, ohne Liebesnotwendigkeit, aus reiner Versuchung, einem durch die Finger zu schlüpfen, entzieht. Viel mehr als durch physische und geistige Prostitution sind diese Frauen aufgrund ihrer Stärke zu hysterischer Vereinnahmung, selbst wenn sie nicht da sind, Huren. Ich schätze diese Fähigkeit zu entkommen und bewundere sie; sie ist nur denjenigen gegeben, die das Hindernis der Werturteile nicht kennen.

Das Maskuline ist hinfälliger durch die Mechanismen der Repräsentation. Es hat nicht die Gabe, sich so plötzlich und absolut zu widerrufen – es muß sich erst von seinem Bild freimachen. Während die Frau einfach aus Reflex oder Strategie in die Abwesenheit eintaucht und den Mann auch dadurch grausam überraschen kann, daß sie ihn in ihrer Anwesenheit bezaubert.

Die Geschichte dieses Boots, das aus einer solchen Menge Eisen und Stahl gebaut wurde, daß seine Kompaßnadel, anstatt nach Norden zu zeigen, sich auf die eigene Masse richtet. Indem es unbestimmt um sich selber kreist, hat es sich schließlich im fossilen quaternären Eis verirrt.

Die wahre Freude des Schreibens liegt in der Möglichkeit, ein ganzes Kapitel einem einzigen Satz, einen ganzen Satz einem einzigen Wort und das Ganze einem künstlichen Effekt oder einem Durchdrehen im Leeren zu opfern.

Die einzige Umdrehung besteht heute nicht mehr in der dialektischen Überschreitung der Dinge, sondern in ihrer Erhebung zur Macht X, sei es die des Terrorismus, der Ironie oder der Simulation. Nicht mehr Dialektik, sondern Ekstase ist angesagt. Der Terrorismus ist die ekstatische Form der Gewalt, der Staat die ekstatische Form der Gesellschaft, Porno die ekstatische Form des Sexes, das Obszöne die ekstatische Form der Szene usw. Anscheinend haben die Dinge ihren Zweck und ihre kritische Bestimmung verloren und können sich nur noch in heftiger und transparenter Form verdoppeln. Wie im reinen Krieg Virilios: die Ekstase irrealen, virtuellen und überall präsenten Krieges. Nicht erst die Eroberung des Weltalls bedeutet Vernichtung der Welt. Überall siegt der Virus dieser Potentialisierung, dieses in den Abgrund Zerrens und hebt uns weg in eine Ekstase, die zugleich die der Indifferenz ist.

Karnale Stille.

Der vom Körper umhüllte Trommelhunger, der die Fleischesstille der sibirischen Nacht verschlingt.

Das Gefühl, irgendwo in der Vertikalen des Ural zu leben. Die Nacht und ihre Bahn: die Nacht ist ein im Raum verlorenes Objekt

– eine Bewegung der runden und zirkulären Lippen fossiler Geräusche.

Diese imaginäre Linie von Norden nach Süden, auf der ein Schritt genügt, um vom Vorabend in den nächsten Tag zu gelangen, ohne die Zeit zu verändern – warum haben wir sie mitten in den Pazifik gelegt, wo nur Fische, Schiffe und Stürme sie überschreiten dürfen?

Gibt es geistige Formen, die auf ähnliche Weise durch uns hindurchlaufen, können wir sie geistig überschreiten? Man würde verrückt werden, könnte man nie vergessen, daß die Gleichzeitigkeit aller Orte auf dem Globus nur ein Traum ist, oder wenn man sich vorstellt, daß die Nacht ein räumlicher Gegenstand auf einer Kreisbahn ist, den man in alle Richtungen durchkreuzen kann.

Der Interkontinentalflug ist eine geistige Odyssee. Die wirkliche Wüste, die wirkliche Verzauberung, sie ereignet sich in einer Höhe von 10 000 Metern, dort, wo die Erde in ihrem blauen und geologischen Licht als menschenlose Essenz ohne andere Anhaltspunkte als die Kurven der Flüsse oder Gesteinsformationen erscheint, und wo die Zeit stillsteht, wenn man das Glück hat, in dieselbe Richtung wie die Sonne zu fliegen.

All ihre Gesten besagen, daß man ihnen etwas bedeutet. Da das unmöglich ist, gibt es nicht einmal einen Ausweg – das ist wahre Höflichkeit.

Sie empfangen einen, als ob man von den Göttern gesandt sei. Im Westen wird man aufgenommen, als sei man vom Tod geschickt. Im Westen kommt der Andere immer von den Toten und muß bei den Lebenden Gnade finden. Diese beständige Auslöschung ist aber auch eine Strategie: sie stellt einen vor den schrecklichen Zweifel, nicht zu wissen, bis zu welchem Punkt man sie berücksichtigen oder wo man noch eins draufsetzen, d. h. die göttliche Rolle des Gegenzugs übernehmen muß.

Ein letztes Lächeln, eine letzte Geste, eine letzte Feinheit bieten – eine Überbietung wie beim Pokern – , die doch den grausamen Zweifel weiterschüren: nie genug gegeben zu haben, nie weit genug weg gewesen zu sein. Dieser Zusammenstoß kann nur durch den Tod beendet werden. Denn kein Vertrag unterbindet diese Duellform des Tausches, da sie nicht auf Schuldhaftigkeit beruht, da hilft keine Psychologie zum Entkommen.

Der Japaner weiß, daß Zeichen und Gestaltung, lange, nachdem alles gesagt und die Sinnfrage verschwunden ist, durch Regeln eingeschränkt werden müssen: das ist Höflichkeit, eine ebenso künstliche Eigenschaft wie die zwergenhaften und gewundenen Bäume, die man wie Kunstwerke pflegt und die tausend Jahre alt sind.

Erotik entsteht aus dieser Beschränkung durch Regeln, aus dieser Beendigung eines Zugs, auch eines Gesichtszugs und einer leidenschaftlichen Lebhaftigkeit noch in der kleinsten Geste, die dieselbe Lebhaftigkeit im Sex und in der Wollust verspricht.

Zugleich lebhaft und fügsam zu sein ist nur dem geschminkten Gesicht und dem glatten Sex einer Puppe möglich, die ihre animalische Lebhaftigkeit und ihre Leidenschaftlichkeit unter Kontrolle behält. Wenn eine ganze Rasse dieselben Unterscheidungsmerkmale, dieselben Rituale und dasselbe künstliche Lächeln aufweist, liegt etwas *sexuell* Außergewöhnliches vor.

Die Verführung Japans ist die einer ganzen Rasse. Sie ist die des letzten Zugs, die der Perfektion. Der Sex ist dann nicht mehr das Spiel des Unterschieds und seiner Aufhebung in der Lust, sondern die letzte Taste, die die rassische Schönheit der Augen, die Lebhaftigkeit der Glieder, den unumgänglichen Spiegel des Lächelns heiligt.

Die Statue Naras, der schönsten.

Deren eine Hand zu Boden fällt, zart, an den Krug gebunden, den sie kaum halten kann, während sich die andere als Gabe zum Himmel streckt. Eine doppelte Bewegung, die dem Hermaphroditischen der Statue entspricht: die rechte Seite ist eher männlich, mit dem Winkel des erhobenen Arms, die andere mit dem fallenden Arm weiblich, eine luftige Form der Schwere. Der Körper selbst ist ganz gerade wie der der Figuren von Chartres und dennoch sinnlich, dank der subtilen Beugung ihrer Formen unter der Seide. In seiner unmenschlichen Streckung hinterläßt er einen seltsamen Eindruck. Wo liegt das Geheimnis einer solchen Statue in anderen als ästhetischen Begriffen?

Sie: ein Gleichgewichtsprinzip in geistiger und gefühlsmäßiger Zurückhaltung – fehlende Weichheit. Er: eine hypochondrische Form von Selbstverschlingung – die Gegenanklage des Körpers.

Unvergänglich ist die Möglichkeit, bei jeder erneuten Begegnung vom anderen alles zu erwarten. Im Idealfall sind wir alle Jungfrauen und hoffen gegen alle Vernunft, noch im letzten Gesicht ein Schicksal zu finden.

Die fleischliche Hast, mit der er in unregelmäßigen Intervallen bestimmte Besessenheitsgesten oder unkeusche Handlungen ausführt, kennzeichnet den niedrigen Libertin. Der Passionierte oder der wirkliche Libertin ist es sich schuldig, sie zu festgesetzter Uhrzeit auszuführen.

Ein fleischlicher Horizont ist aufgetaucht, der des Geschlechts der... Wie jeder Horizont stellt er eine imaginäre Linie dar, auf der die Sonne bald in leuchtenden Farben untergeht und bald in unklarem Licht scheint.

Die Unschuld, die darin bestünde, nicht von der Idee des Gesetzes gestreift zu werden, ist heute doppelt unmöglich, da sogar die Transgression unmöglich geworden ist.

Der Schein, der darin bestünde, nicht von der Idee des Sinns gestreift zu werden, fehlt heute auf doppelte Weise, da sich sogar der Sinn in Gleichgültigkeit verliert. In jeder Hinsicht sind wir doppelt gescheitert. Unsere Gleichgültigkeit ist ein Abgrund, der sie nur umso weiter aufreißt. Es geht nicht darum, eine einfache Überschreitung zu finden, sondern eine doppelte Rückkehr. In einer einzigen Bewegung die beiden Umdrehungen vollenden, die uns diesem doppelten Verschwinden entreißen könnten.

Haben Sie schon eine Fliege unter der Decke herumschwirren gesehen? Warum fliegt sie mitten im Zimmer, unter einem fehlenden Lüster? Und wer befiehlt diesen gebrochenen, nimmermüden Flug, diese häusliche Version der Molekülbewegung? Die Fliege weiß nichts von Kurven: welch Geheimnis. Sie weiß auch nichts vom Unendlichen: sie durchmißt immer nur denselben winzigen Raum, in einer zufälligen, insgeheim entpolarisierten Flugbahn. Sie scheint keinen Begriff von Gleichgewicht zu haben: mehrere Stunden Flug, während derer sie alle Punkte des Raums zu kontrollieren versucht, machen ihr nichts aus – sie weiß immer genau, wo sie absetzt, ist immer bereit, wieder loszufliegen. All diese unsinnigen Bewegungen und Umdrehungen scheinen von Energieproblemen nichts zu wissen. Ausgenommen, sie schöpfte ihre Energie eben aus der Wiederholung, aus der minütiösen Beschreibung des leeren

Raums, dem winkeligen, lilliputanischen Brownschen Insektenraum, in dem der Mensch in seiner Unfähigkeit, sich im rechten Winkel zu drehen, zwangsläufig eine monströse und vorsintflutliche Erscheinung wird.

Im Vergleich zu unseren Ideen von Befreiung, Emanzipation und individueller Autonomie, die sich darin erschöpfen, ihrem Schatten hinterherzujagen, ist die noch in fernöstlicher Weisheit lebendige Vorstellung, daß sich ein anderer um unser Leben kümmert, es vorplant, darüber befindet und ihm Genüge tut, gemäß einer Verzichtserklärung auf etwas, was einem sowieso nicht gehört und das man viel besser genießen kann, wenn man es nicht willentlich zu jedem Zeitpunkt auf sich nimmt, unvergleichlich subtiler und erhabener. Nichts hindert einen, das Leben einer anderen Person auf sich zu nehmen – womit sich die Leute meist viel besser beschäftigen können als mit dem eigenen –, und sich so durch Weitergabe an den nächsten von der Sklaverei des eigenen Lebens zu entlasten, wirklich frei zu werden und sich während des eigenen Lebens nicht mehr mit dem eigenen Delirium, sondern allein mit dem rituellen oder liebenden Verwenden für den anderen zu beschäftigen.

Das Ende des Endes: über das Ende hinauszuleben, mit welchen Mitteln auch immer.

Der Unterschied zwischen Dingen und Wörtern besteht darin, daß sich die Wirklichkeit entwickelt, während die Sprache mutiert. In der Sprache hält etwas nicht Schritt mit den Dingen: diese gehen ihrer Wege, während jenes Wort zu gegebenem Zeitpunkt einen Sinn bekommt und ihn genauso unvorhergesehen wieder verliert.

Bestimmte Dinge tauchen auf und verschwinden, ohne daß etwas mit ihnen geschieht, sie gehen überraschend und diskontinuierlich von einem Zustand in den anderen über, was nichts mit Zufall, sondern mit einer anderen Notwendigkeit zu tun hat. Unsere Leben erhalten so zwei Wellenlängen. Auf der einen reihen sich Pläne und Ereignisse logisch aneinander. Auf der anderen, verrückten Kurve kommen die Ereignisse unermüdlich zurück, dasselbe Verbrechen kann durch eine ganze Dynastie hindurch unsterblich werden, derselbe Tick kann an die Enkel weitergegeben werden. In dem einen Leben geht man geradeaus, in dem anderen dreht man sich im Kreis. Wenn sich die beiden Linien kreuzen, kommt es zum absolut kritischen Punkt. Wenn sie zusammenfallen, ereignet sich die Sonnenwende des Glücks.

Die Technologie entwickelt sich, die Sprache verändert sich, die Stimme verstummt, das Schicksal kommt uns zu.

Die Dinge zu bezeichnen ist nie ein unschuldiger Vorgang: sie über ihr eigenes Dasein hinauszuheben, in die Ekstase der Sprache, in die ihres Endes hinein. Für unsere Vorhandenheit gibt es nicht mehr Gründe als für die der Steine, und wenn eine Seite unseres Lebens der Sonne zugewandt ist, dann die andere zwangsläufig der Kälte der Hölle.

Bei animalischen Regungen, wie denen, wenn man sich mit der Zunge über die Lippen fährt oder mit der Hand im Dunkeln über die Augen, spürt man die Wahrheit des Geschlechtsunterschieds.

Wer hat den Geschlechtern befohlen, sich zu unterscheiden, und nicht einfach miteinander abzuwechseln oder wie Tag und Nacht aufeinander zu folgen? Wenn die Geschlechter wie Sterne in Opposition, d.h. in einer ständigen Ellipse, zueinander am Horizont stehen werden, wird endlich die Eitelkeit jeder sexuellen Befreiung sichtbar werden.

Das frei flottierende Individuum, aber dabei an der Leine gehalten wie ein Hund oder wie ein herausgefallenes Auge, das am Ende des Sehnervs baumelt und im 180 Gradwinkel über den Horizont fegt, ohne jedoch Wahrnehmung weiterzugeben – eine panoptische, desinkarnierte Endstation, ein Überläuferorgan einer Gattung von Mutanten.

Der Körper müßte Figuren der Verlangsamung, des Supense, des Halts, der Unbeweglichkeit und der Langsamkeit entwickeln. Wir sind Experten der Beschleunigung, aber unerfahren darin, plötzlich in der Bewegung oder den Zeremonien innezuhalten, wie Tiere es können (in der Pekingoper stirbt die Bewegung nicht an Trägheit, sie findet immer einen perfekten Halt, einen vollkommenen Höhepunkt der Unbeweglichkeit).

Sehen Sie, wie schwer es den Gymnasiasten fällt, eine gute Landung am Boden hinzukriegen. Selbst die besten schaffen es nicht, obwohl man es von ihnen erwartet, denn da sie am Gipfel ihrer Drehung nicht in Schwerelosigkeit umschlagen können, müssen sie wenigstens das Gegenstück dazu auf dem Boden, in der Ekstase des Herabfallens, erbringen. Der Boden muß ihre Energie abfangen (das ist das Geheimnis der Katzen). Entweder schafft man einen totalen Sprung, oder man schafft es, gar nicht zu springen, seine ganze Trägheitsenergie abzugeben und sich plötzlich unbeweglich zu machen, wie ein echoloses, geschlucktes Geräusch (an der schwarzen Farbe und am schwarzen Körper fasziniert uns diese Vorstellung totaler Lichtabsorption als Gegenstück zum Schwindel der Regungslosigkeit beim Körper).

Diese Kunst, eine Energie aufzunehmen, ohne sie abzugeben, eine Bewegung ohne Rückstoß zum Halten zu bringen, ihrer Verlängerung, die die Schwerfälligkeit unserer körperlichen Prozesse ausmacht, zu entgehen, ist auch die der Verlangsamung und der tragischen Wirkung. Wir haben auf diese Langsamkeit um des Prestiges der Beschleunigung willen verzichtet.

Die einzige der Frau zustehende Rolle ist die zur heiligen Prostitution. Eine radikale Hingabe gepaart mit toller Abwesenheit. Eine Frau muß sich einmal im Leben als Wesen aus einer anderen Welt materialisiert haben und zu einem gesagt haben: ich liebe Sie, und man muß sie, ohne ihren Namen zu kennen, aufgenommen haben. Einmal muß uns eine Idee oder ein Wort wie im Traum erschienen sein und sich unsrer in einem Nu bemächtigt haben. Denn wenn die Sprache die Imagination verführen oder verblüffen soll, müssen die Wörter sich auch der heiligen Prostitution ausliefern. Das sind die einzigen Zärtlichkeitsbezeugungen, die uns ein blindes Schicksal bieten kann.

Nur in einem mondänen Universum wird die Ideologie berühmt, weil sie nur hier bekämpft wird. Es gibt ernstere Ideen, die keinen sichtbaren Feind haben.

Gleichgültigkeit des Himmels gegenüber der Erde:
    er will nicht regnen
Gleichgültigkeit der Seele gegenüber den Dingen:
    sie will sich nicht mit ihnen vermischen

Gleichgültigkeit der Lippen gegenüber dem Wort:
sie bewahren Schweigen
Gleichgültigkeit des Traums gegenüber der Realität:
er will sie nicht freisprechen

Die Hysterie der Geschehnisse ist selbst ein Erzeugnis des Endes der Geschichte. Weil es keine Geschichte mehr gibt, dürfen die Ereignisse nie aufhören. Weil es keine Ursachen mehr gibt, muß man Effekte ohne Unterbrechung herstellen. Weil nichts mehr Sinn hat, muß alles reibungslos funktionieren.

Gegen die ganze Kontroverse über den Zufall.

Determinismus, Indeterminismus?

Wozu dient es, den Zufall als objektiven Prozeß zu begründen, da er ein ironischer Prozeß ist? Sicherlich gibt es ihn, aber als Pataphysik der Ursachen und Wirkungen. Und sicherlich gibt es gleichzeitig auch Schicksal. Der Unterschied liegt darin, daß die Ironie des Schicksals größer ist als die des Zufalls, was sie erhabener und verführerischer macht.

Hier beginnt eine delirierende Selbstkritik (so sind sie alle, es gibt wohl keine schlimmere Form kritischen Geistes als jene, die sich angeblich auf sich selbst erstreckt), dennoch klage ich mich an

– meine Phantasmen heimlich der Realität untergeschoben zu haben, und zwar dem bißchen verfügbarer Realität in dieser mittelmäßigen historischen Konjunktur

– systematisch die Gegenposition zu den evidentesten und bestfundiertesten Begriffen eingenommen zu haben, in der Hoffnung, daß sie dieser Radikalität ins Netz gehen, was nicht stattgefunden hat

– von einer anderen Welt geträumt zu haben, welche die der heiligen Prostitution von Frauen und Begriffen gewesen wäre

– meine Energie nach einem geistigen Ableitunggesetz aus der der anderen geschöpft zu haben

– ein Denken der Dämmerung gepflegt zu haben, um besser den Unterschied zwischen Tag und Nacht verschleiern zu können

– nie versucht gewesen zu sein, alles zu verlieren, nur besessen von der Unbefriedigtheit, und jede Laschheit in theoretischer Radikalität sublimiert zu haben

– gesündigt zu haben durch Unterschlagung der Referenzen

AMEN.

Zutiefst fleischlich und melancholisch zu sein

Mich nach und nach von den Dingen zurückgezogen zu haben, bis ich nur noch ein phantomhaftes Urteil über sie abgab

Aber wo sind die Erleuchtungen von einst? Ich sehe um mich herum nur unbegründete Hysterie und bedenkenlose Vitalität

AMEN.

Zwei unentfremdbare Häute, von entgegengesetzten Zynismen übersät und als Masken betrachtet. Respekt vor der Maske. Unterwerfung unter ein gegenseitig unbegrenztes Urteil. Totale Zustimmung und stärkster Egoismus: die Distanzen sind abgesteckt.

Am Ende ein letzter unterschwelliger Erguß wie ein Jüngstes Gericht. In der Zwischenzeit: gewissenhafteste Vorsicht gegenüber der Maske, nicht als Funktion von Anwesenheit, da sie dauernd verschwindet und wie ein süßes Feuer ohne direkten Anlaß verhext. Keine Unterscheidung mehr zwischen Körper und Seele, höchstens von erschaffenen Dingen wie der Farbe der Augen. Und dennoch zu jeder Jahreszeit eine minütiöse Feindseligkeit.

Nähe Feindseligkeit Spannung Distanz.

Fernhalten der Haut von der Maske, um nach langer Übung ihre Stille im fixen Duell zu erreichen.

Die auch unfreiwillig von ihrer Umgebung gesättigte Luft; ein Auge widerlegt das andere vermöge eines seit langem stillschweigend an die Verhehlung der Menschen und Tiere angepaßten Urteils. Insgesamt – Distanz, Komplizenschaft, Feindseligkeit und Urteil – dasselbe Schema für sich, für den anderen und den ganzen Rest, der anhängig davon beurteilt wird.

Auf der Lauer. Die beständige Furcht, daß der andere am kommenden Montag seine Götter gewechselt haben könnte und anders über Gut und Böse denkt. Denn seine Vermittlung ist in den letzten Fragen entscheidend. Dennoch löse ich sie allein. Er unterscheidet sich von mir und läßt mich allein. Darauf gründet die Oberherrschaft des Verständnisses miteinander. Wenn wir uns verletzen, dann, um unsere Schatten zur Deckung zu bringen. Wenn wir uns begegnen, dann, um die einzigen Richter gewesen zu sein. Gut die beiden Zynismen auseinanderhalten.

Es gibt hier eine so kostbare Komplizenschaft, daß sie nachts auf Eiern zu gehen scheint und Scham und Aberglauben gegenüber sich selbst zeigt, indem sie anerkennt, daß sie für beide die höchste Instanz ist: er gerichtet, ich gerichtet, es gibt da kein Versagen. Deswegen überwacht sie sich und vermeidet ihr eigenes Bild, denn sie ist sich ihrer selbst sicher wie einer imaginären Lösung, und nicht nur sie allein.

Oktober 1981

Strahlende und eisige Sonne wie Mondlicht auf Schnee oder der tragische Schrei der Möwen über dem grünen Meer der Februardämmerung.

Es besteht die Wahl zwischen jener Frau, die dir die Versicherung einer ununterbrochenen sexuellen Potenz verschafft (woher kommt dieses sinnliche Genie einer Frau?) und derjenigen, deren geistiges Rätsel die geringste Zärtlichkeit verschreckt.

Die Akkumulation ist der Traum des Gelähmten. Wenn man beschleunigt, kommt alles ins Strudeln.

Die Befähigung zu provokativem Humor, die sich aus dem Wachtraum und der Herausforderung, zu lieben, ohne geliebt zu werden, und aus jeder Art von Begeisterung, vorausgesetzt, daß sie alles hinnehmen und sich selbst zum Opfer bringen will, ergibt, ist nur mit einer Art Äther, einem geistigen Elixier, einem Funkeln der Nerven und einer Intelligenzaufreizung vergleichbar, die sich an der eigenen Duplizität berauscht. Die Frau erscheint hierbei so schön, daß man sie verführen muß. Und die Welt so schön, daß man sie zerstören muß.

Man träumt von einem schönen und formalen Gedanken, der klarsichtig an seinem Gegenstand verzweifelt und sich ohne Heuchelei rächt, indem er den Schleier der Eifersucht lüftet.

Wenn du niemandem fehlen sollst, ist es sinnlos, sich zu entziehen
Wenn du ihn nicht lieben darfst, ist es sinnlos, ihm zu fehlen
Wenn du ihn nicht zerstören sollst, ist es sinnlos, ihn zu lieben

Wodurch wäre mir geschmeichelt worden, wenn nicht durch diese leidenschaftliche Hingezogenheit, die ich immer ohne Gegengabe hinnehmen konnte? Ich habe es in bestimmten Augenblicken an Leidenschaft fehlen lassen und sie an Originalität.

Eifersucht erzielt die gleichen Wirkungen wie Leidenschaft, aber sie erzielt sie kalt und wie im Traum. Ist sie vielleicht doch die Grundleidenschaft des Psychologiezeitalters, d. h. eines immer differierten und indifferenten Schicksals? Denn die Psychologie ist selbst nur eine Evidenz mit Verspätung.

Jeder Mensch fürchtet im höchsten Maße, nicht mehr von einer Frau oder einem weiblichen Bild in die Pflicht genommen zu werden. Niemand will ohne die Absolution eines weiblichen Bildes leben.

Kleine brillante Einbrüche
kleine brillante Verknüpfungen
kleine brillante Illusionen
kleine brillante Lippen
kleine brillante Auseinandersetzungen
kleine sehr brillante Zellen
kleine brillante Mißgeschicke
kleine sehr brillante Verwüstungen
kleine brillante Getriebe
kleine brillante Windungen
rund um eine vertikale Achse

Warum ist der Schwachsinn der Schwachsinnigen zu einem Kulturphänomen geworden, während die viel fürchterlichere Tatsache ordinärer Dummheit niemanden schreckt?

Flughafen von Moskau. Die bürokratische Dummheit kennt keine Grenzen, sobald sie sich in Inszenierungen ästhetisiert und zur ästhetischen Stärke einer Rhetorik des kalten Krieges erhoben wird: kalter Krieg des Staates gegen seine Bürger, besonders verwerflich, weil künstlich aufrechterhalten. Das Simulakrum der Dummheit als letztes Vehikel des sozialen Lebens. Eine ganze aus den Augenhöhlen tretende Gesellschaft in ihrer Maske militärischer Stärke, eine ganze Zivilgesellschaft, hinter ihre bürokratische Maske verbannt. Eine tote Gesellschaft, die sich an die Erscheinung des Todes krallt, in einer Art Schlußinszenierung, die sie wie ein bitteres Dementi ihrer eigenen Realität kultiviert.

Der einzige historische Vorteil der Sowjetgesellschaft besteht darin, daß sie gewisse Züge und Sitten der menschlichen Gattung wie Mammuts im Eis gerettet und konserviert hat, während sie anderswo längst verschwunden sind.

Der Arbeiter, einst Held historischer Negativität, ist der transparente Arbeitslose der Simulakrenfabriken geworden. Der Intellektuelle, einst der Herold historischer Negativität, ist der transparente Clown der Dissidenz geworden.

Die Bürokratie hat die beste Verwendung für ihre Leichenstarre im sozialen Bereich gefunden. Wir haben was Besseres: die Leichenschmiegsamkeit, die schon die operationalen Jesuiten, schmiegsam wie Kadaver, verwendeten, welche die Gnade in den mondänen Netzen zirkulieren ließen. Heute hat die Elektronik die Gnade ersetzt, sie zirkuliert, halbstarr und halbflüssig, in den Netzen des riesigen und geschmeidigen Abtötungssystems, das uns als Beweggrund dient. Jene Indifferenzstrategie der Jesuiten vollbringt wahre Wunder.

Der Schlaflose träumt von einer Ohnmacht des Bewußtseins, die ihm zu schlafen erlauben würde, wie der Akrobat von einer Ohnmacht der Schwerkraft träumt, die ihn daran hindern würde, zu fallen.

Man kann von einer Theorie träumen, die wie die Akupunktur durch unendlich feine Berührung, durch unerwartete Korrelation vorgeht, mit Abstand zu den empfindlichen Punkten, die sie mit ihren goldenen Nadeln kurzschließt.

Es muß in jedem System einen neuralgischen Punkt geben, der, wenn man ihn irgendwie berührt, das ganze System gleich einer kristallinen Lösung zur Kontraktion und Implosion bringt, wie ein bestimmter Punkt im Gehirn bei Berührung den Körper sofort in Schlaf versetzt.

Es muß eine traumwandlerische Hellsichtigkeit geben, die an das Innerste der Dinge zu rühren erlaubt, wie es eine besondere Körperhaltung geben muß, die bewirkt, daß man sofort einschläft.

Die verausgabte Liebesenergie ist die Heiterkeit des Schwächezustandes. Das begangene Verbrechen ist die Serenität der Buße. Bei allem muß man sich an die Wirkungen halten und die Ursachen an das Jüngste Gericht verweisen.

Hegel: die Ungerechtigkeit der Gesellschaft besteht darin, daß der Knecht verstehen muß, was die Macht ist.

Aristoteles: jede organische Existenz geht aus zwei Quellen hervor – einerseits aus ihren natürlichen Ursachen, andererseits aus dem notwendigen Dazutun der Sonne.

Ich habe den Eindruck, daß dieser ekelhafte und ruhmreiche Söldner ein Double ist, und daß sie sich zwischen den beiden Seiten einer Persönlichkeit zerreißt – Löwe, Aszendent Löwe; das ist der einzige Moment, in dem depressiver Wahnsinn ihr Herz zwischen den beiden Rivalen, die nur einer sind, spaltet. Ich sehe diese Meeresform wie eine selbstmörderische Aphrodite zwischen zwei entgegengesetzten Polen mythologisch hin und her schweifen und an einem unsichtbaren Faden bis zur leuchtenden Böschung der Unterwelt fliehen, wo das rührende Untier wacht, das sie töten wird.

Ich ersehe aus den Sternen, daß das Gleichgewicht in ihrem Herzen wie ein aus der Achse gebrachtes Metronom zögert – ein magnetisches Zögern der Nadel zwischen zwei Zeichen, eine flottierende Weiblichkeit in der Doppelspirale des Willens zur Macht.

Erhabene Inschrift der Verführung bei Omar Khayyam:

«Für dich ist es besser, einen freien Menschen durch Milde geknechtet als tausend Sklaven befreit zu haben».

Organisches und grabhaftes Mysterium der Gelüste.

Entscheidendes und unwägbares Universum des Zusammenwirkens.

Halleluja!

Nur die Katze hinterläßt auf dem Sand oder im Bett den ganzen Abdruck ihres eingeschlafenen Körpers. Der Mensch kann sich der Form seines Leibes nicht so hingeben, daß es zu einer restlosen Selbstpreisgabe käme. Er kennt nicht die Trägheit, aus der die Katze ihre Raubtierhaftigkeit, ihre Lebhaftigkeit und ihre formale Grausamkeit bezieht. Er kennt nicht diese mystische Elastizität, die Auflösung des Körpers in seine verschiedenen Glieder, die der Katze zu fallen ermöglicht, ohne am Boden zu zerschellen. Denn jeder Teil an sich ist leicht, nur die Schwere des Ganzen vernichtet uns.

Warum mußten wir die vollkommene und stille Indifferenz des Pflanzenreichs verlassen? Warum mußten wir die Unbeweglichkeit des mineralischen Reichs und die Plötzlichkeit des tierischen aufgeben? Mit dem Menschen kommt die Verwandlung an ihr Ende. Die Tiere erzählen uns noch davon: ein Kater, ein Pferd, ein Vogel, eine Krake. Was sind diese dem Menschen unverständlichen Formen anderes als Zeichen eines Stammes, dessen fabelhafte Macht mit unserer Gattung ausläuft?

Vielleicht hat die Frau noch immer etwas an sich von diesem Rätsel, von seiner Unbeweglichkeit und Sprunghaftigkeit.

Der geistige Schrecken des Baums mit von Eis schweren Ästen
Der paradoxe Schrecken der entkleideten Frau
Der geistige Schrecken der nackten Wahrheit
Der paradoxe Schrecken des geträumten Traums

Wenn sich die Nacht dem Tag angleicht, erheben sich die Stürme der Tagundnachtgleiche. Wenn sich das künstliche Licht der Sonnengewalt angleicht, entfesselt sich die Leidenschaft des Spiels. Wenn sich zwei Frauen in ihrem Geist angleichen, dann beginnt die Tagundnachtgleiche der Lust.

Für manche ist das Leben nicht enden wollend, und was endlos ist, hat keinen Sinn. Wie soll man die Zeit zum Leben finden? Für andere ist das Leben von vornherein aus. Es ist zu Ende gegangen, noch bevor es begonnen hat. Es läuft auf einer Art abstraktem Band, unter Ausschluß jeder zeitlichen Dimension. Manche Leben opfern so sinnlos ihr Ende und verlieren alles einschließlich der Erinnerung an ihren Ursprung.

Das Geheimnis, wenn es jemals eins gab, könnte nicht einmal der, der es aufbewahrt, verraten.

Man muß vom Grunde eines endgültigen Schweigens her das definitive Ereignis erspähen.

Es gibt auf der einen Seite eine delirierende Welt und auf der anderen nur das Ultimatum des Realismus. Wenn ihr dem Wahnsinn der Welt entgehen wollt, müßt ihr auch euren ganzen Charme zum Opfer bringen. Indem die Welt an Delirium zulegte, hat sie auch den Opferpreis in die Höhe getrieben. Erpressung des Realen. Heute bedeutet die Illusion fürs Überleben nichts mehr, man muß sich mehr und mehr der Nullität des Realen nähern.

Die Wiederholung der Tage ist endlos. Die der Nächte ist es weniger. Wahrscheinlich hat die Aufeinanderfolge der Nächte einen Sinn, während die der Tage uns nirgendwohin führt. Der Tag sollte am besten nur aufgehen und damit schon zu Ende sein. Die Dinge sollten nur erscheinen, um sofort beseitigt zu werden.

Verlust der männlichen Mythologien, aber auch der weiblichen Embleme – zugunsten eines narzißtischen transsexuellen Wunders, das beiden Geschlechtern gemeinsam ist und nur fälschlicherweise etwas Homosexuelles an sich hat.

Wie sich das Weibliche selbst verführt. Der Mann kann sich nur in den Spiegel der Frau hineinschieben – aber der ist schon besetzt.

Pompeji: der Katastrophe ist es zu verdanken, daß uns dieses höchst ungewöhnliche antike Erbgut erhalten blieb. Ohne den Vesuv besäßen wir nicht diese lebendige Halluzination der Antike. Dasselbe gilt für die Mammuts mit dem Anbruch der Eiszeit. Heute spielen unsere Systeme künstlicher Gedächtnisse diese museale Rolle von Naturkatastrophen.

Wenn ein Mann Striptease macht, sieht man sich noch immer die Frauen an, das Publikum der Frauen und ihre gierigen Blicke. Sie sind obszöner, als wenn sie selbst nackt tanzten. Sie sind es, weil auf ihrem Gesicht das Geschlecht hysterisch hervortritt, vor allem aber, weil sie sich im Recht glauben, sich am Mann zu rächen. Jenseits der gleichmacherischen Forderung des Rechts auf Lust ist alles obszön.

Niemand hat ein Anrecht auf Lust, nicht mehr als auf Wasser oder Leben. Überlassen wir diese Rechtsform den freigelassenen Sklaven. Schon die Lebenszeit wurde durch das Recht auf Freizeit obszön. Jetzt dreht man das Geschlecht ins Obszöne durch das Recht auf Sexualität. Die Obszönität hält durch ihre legale Forderung hindurch nach allen Dingen Ausschau.

Das Recht auf Lust und das Recht auf Leiden bringen eine hysterische und sulpizische Kultur hervor. Die Ekstase der Stripperinnen trifft sich mit der der Heiligen von Lisieux. Diegleiche Art Gefräßigkeit richtet sich auf das männliche Geschlecht oder das heilige Herz Jesu.

Ein Körper auf der Bühne ist niemals obszön. Nur der kannibalische Blick dieser Frauen ist es, die von ihrer symbolischen Rache und der lebhaften Verhöhnung ihres Geschlechts verzehrt werden. Der Mann in seiner kontemplativen Pornographie ist rührend (peep show, life show etc.). Verwirrt huldigt er mit Blicken der Vollkommenheit eines Körpers, dem es an nichts fehlt. Die Männer glauben nicht an diese Geschichte der kastrierten Frau, sie wissen, daß die Frau ein vollkommener Körper ist, dem nie etwas fehlen wird. Ihr Blick gibt das wider: wenn der weibliche Körper sich so nackt ausliefern, sich den Augen ohne Rückhalt aussetzen kann, ist das ein Zeichen großer Macht. Dieser Macht der Prostitution, die der Mann nie kennen wird, genauso wenig wie die des Gebärens.

Die Frauen dagegen erblicken im männlichen Strip die Kastration. Im Grunde glauben nur sie selbst daran. Deshalb hat ihr Blick keinen anderen Ausweg, als zu ihnen, zu diesen verlorenen Frauen der Kastration, diesen zu unreinen Subjekten der Kastration gewordenen Frauen zurückzukehren, anstatt als reines Objekt in seiner Nacktheit, mit seiner Kraft zur Illusion auf der pornographischen Szene des Körpers zu glänzen.

Female mud wrestling
Das Weibchen des Feuerkrieges Goldfinger
Sweet Movie: die Frau in der flüssigen Schokolade
Die Eingeborenen mit Schlamm-Maske
Die Schwarzen mit der glänzenden Haut
Die mit Sonnenöl eingefetteten Körper auf dem Strand.

Das Eingefettete macht lüstern. Wie alles Glitschige. Es gleicht dem Geschlecht, das aus dem anderen rutscht, und dem Kind, das den Bauch seiner Mutter verläßt. Die Haut bietet das Schauspiel des Körperinneren, der umgedrehten Schleimhäute und der Feuchtigkeit des Geschlechts.

Ein schweißbedeckter Körper ist erotisch anziehend. Von daher die ursprüngliche Versuchung des Körpers, sich mit seinen Ausscheidungen zu bekleiden.

Schon der Wasserfilm über einem glatten Stein genügt, um ihn erotisch erscheinen zu lassen. Alles, was glitschig ist, was gleitet, läßt Genuß vermuten, sogar der Wind. Warum also nicht Öl und Schlamm?

Der verflüssigte Körper ist das Leben selbst. Das Gegenteil von Goldfinger, der stirbt, in seinem Goldfilm erstarrt.

Das Flüssige darf jedoch nicht zu flüssig sein. Die Zähflüssigkeit des Schlamms bringt Genuß, sogar der Blick wird schlüpfrig und zähflüssig. Das Rutschige ist somit die Quelle jeder Lust, vielleicht sogar die des Sinns.

Unmittelbare Aufeinanderfolge von Frühling, Sommer und Winter binnen einer Woche. Traumnebel von Saint-Laurent, der laue Regen, der auf das Eis fällt. Auf der anderen Seite des Sees nimmt das indianische Dorf die dramatische Form des Hohen Nordens, von Exil und Schnee, an. Hier in der Stadt gewinnt alles die dramatische Form der Langeweile. In Montreal gibt es zwei Formen von Energie: die elektrische der Großen Seen und die psychologische der Monotonie.

Es gibt eine nervöse und eine sehnsüchtige Art und Weise, Politik zu treiben und Liebe zu machen. Die Begegnung beider bringt die schönsten Wirkungen oder die schönsten Kinder hervor.

Das Geheimnis eines Lebens lautet: wieviel Gesichter und Körper würden Sie mit geschlossenen Augen beim Kosen wiedererkennen? Von wem würden Sie mit geschlossenen Augen alles annehmen? Haben Sie selbst schon die Augen zugemacht, haben Sie sich schon selbst blind geführt, haben Sie schon blind geliebt und im Dunkeln den tastbaren Umweg der Ideen erahnt?

Verführung, das ist die direkte und mörderische Ausstrahlung des Objekts, das Ende der Metapher, die Strategie einer verzauberten Welt, die siegreiche Wiederkehr einer Illusion, die der dialektischen Ohnmacht des Sinns und der viel zu naiven List der Geschichte ein Ende setzt.

Wenn man von Fiktion sprechen will, muß der Text auch jede Referenz vernichten. Wenn man von Simulation spricht, muß der Text den Sinn hintergehen und doch gleichzeitig wahr bleiben.

Wenn man von Verführung spricht, muß die Sprache irgendetwas auf elliptischem Weg pervertieren. Wozu wäre die Sprache sonst da?

Die Sprache ist Frau: sie verführt dich, indem sie sich in das verwandelt, was sie sagt. Sie ist auch Frau, indem sie sich unaufhörlich dafür rächt, daß es ihr nicht gelingt, einen zu verführen. Sie wird sich rächen, indem sie nur das sagen wird, was man sie sagen läßt, wie eine Frau, die nur das bringt, was man von ihr verlangt.

Die Selbstmordakademie: man belegt dort Kurse für Willensrecycling. In der Tat sehr akademisch. In dem Selbstmordmotel (ein in seiner großartigen Vorwegnahme nie verwirklichtes Projekt) ist die Entscheidung des Klienten, der die Leistungen des Motels in Anspruch nimmt, unwiderruflich. Man läßt ihm keine Wahl (das hieße, ihm wenig Ehre erweisen!), man umhätschelt ihn mit Frauen, Wein, Philosophie usw. Zum festgesetzten Zeitpunkt bringt man ihn, entsprechend seines eigenen Wunsches, unter den für ihn besten Bedingungen um.

In zehn Jahren werde ich noch nicht die Farbe der Augen dieses Gesichtes kennen. Ich begegne ihm auf der Straße, im Traum, filigran in vielen Gesichtern, die ihm plötzlich ähneln.

Panik, im Bois de Boulogne auf einen Transvestiten zu stoßen. Nicht das Gespenst der Homosexualität, sondern die Entstellung der Zeichen verursacht Schrecken. Nicht das sexuelle Quiproquo, dem Vaudeville verwandt, sondern das Bedeutungsspiel der Frau, das von nichts ausgeht, die Zeichen der Frau ohne Frau.

Nur das Weibliche kann seine Effekte so surrealisieren, ohne lächerlich zu werden; es erspäht die männlichen Werte in dem Augenblick, da sie sich in ihm versuchen. Im übrigen ist die männliche Form des Transvestiten in Ungnade gefallen, sie war nur ein Anhängsel der Homosexualität.

Es ist klar, daß eine Frau immer besser von einer Frau gestreichelt wird als von einem Mann. Das gilt sicherlich auch vom anderen Geschlecht. Jedes Geschlecht ist eigentlich eine eigene Gattung und die Liebkosung eine Art Grundsprache, die zur Gattung gehört.

Es ist sinnlos, Fundamente zu errichten, es gibt nichts Bodenständiges und Lebenslanges mehr, es gibt auf dem Kulturfriedhof keine Dauerzulassungen mehr. Ist es nicht so? Von dem Meteoriten, der sich im Raum verflüchtigt, bleibt nur die blendende Spur seines Endes als Zeichen. Von dem Himmelskörper auf seiner Bahn ist die Ellipse noch das Beste. Keine Vorfahren, kein Erbteil, keine Erben, kein Kapital. Jahrhundertelang mußte man akkumulieren, jetzt muß man mit der gleichen Selbstverständlichkeit alles in einer einzigen Generation verschwenden.

Die Zukunft gehört denjenigen, die in einem einzigen Leben alles ansammeln und wieder abtragen. Man muß schnell sein. Zehn Jahre, um eine Kultur aufzunehmen, zwanzig, um sie wieder loszuwerden und auszukotzen (das dauert immer länger). Nur das zählt, was den gesamten Zyklus des symbolischen Mordes der Kultur durchläuft.

Die letzte Bombe, von der man nicht spricht, wird sich nicht damit zufriedengeben, die Dinge im Raum zu verstreuen, sie wird sie in der Zeit verteilen. Eine rückgängig machende, anachronistische Zeitbombe. Wo sie explodiert, stürzt alles in die Vergangenheit, und um so weiter, je mächtiger die Bombe ist. Oder noch besser: dort, wo sie explodiert, werden gewisse Bruchstücke in die Vergangenheit, andere in die Zukunft geschleudert.

Schaut euch um: diese Explosion *hat schon stattgefunden*. Es gibt keine Bombe, die nicht explodiert ist, noch bevor sie technologisch entwickelt war, der Technikrealität und dem Krieg immer voraus. In einer gedächtnislosen Welt wie der unsrigen wird alles schon zu Lebzeiten in die Vergangenheit geschickt, als seien die Dinge in eine Dimension gestürzt, in der sie nur als in einer endgültigen Zeitrevolution erstarrte noch Sinn haben.

Die wirkliche Bombe ist die, die die Dinge in einer spektralen Rückläufigkeit festhält. Es bleibt nur zu hoffen, daß einige Fragmente, Meteorgestein und Meteoriten in die Zukunftsdimension eingegangen sind, wo wir ihnen eines Tages mit dem Gefühl des déja-vu begegnen werden.

Das Nukleare ist wie die Revolution. Es nützt nichts, das eine zu erhoffen oder das andere zu fürchten, weil das eine wie das andere *schon stattgefunden* haben. Alles ist schon befreit, verändert, umgestürzt, was wollen wir mehr? Es ist sinnlos zu hoffen: die Dinge sind da, geboren oder totgeboren, überholt – es ist zum Verzweifeln, aber was läßt sich dagegen tun? No future. Also bitte keine Panik: alles hat sich schon nuklearisiert, entkernt, verflüchtigt. Die Explosion hat stattgefunden, die Bombe ist nur eine Metapher. Was wollen wir mehr: alles ist schon *von der Karte gelöscht*. Sinnlos zu träumen: der Knall ist schon überall ganz sacht geschehen.

Es genügt freilich nicht, die Dinge stattfinden zu lassen: wir wollen zudem ihr Spektakel. Wie wir wissen, hatte sich die Revolution in den Dingen bereits vollzogen, bevor sie als Spektakel losbrach. Das Volk wollte das *Schauspiel* der Revolution. Die Dinge wollen auch ihre Ekstase in einer spektakulären Metapher. Das ist die Rache der Objektivität, in die man sie eingesperrt hat.

Und das Nukleare? Werden wir, um der Schönheit der Sache willen, das große Spektakel der Atomexplosion fordern? Wenn es zum Knall kommt, dann nicht aus angeführtem Grund oder wegen der Fatalität des *Gebrauchswerts* der Waffen oder der Resignation der Gattung gegenüber ihrer eigenen Zerstörung, sondern aufgrund der Fatalität des Zerstörungs*spektakels* und der sich für uns ergebenden Notwendigkeit, daraus einen Genuß zu ziehen.

Einzig mögliche Antwort auf die Missiles: Köder und Simulation. Ein Flugzeugträger, ein Atomkraftwerk, eine simulierte Metropole, mit derselben Masse, derselben potentiellen Energie, denselben Wärmestrahlern – jedes Objektiv umgibt sich zuletzt mit einer Unzahl von Ködern, die ihm als Projektionsfläche dienen. Diese Idee stammt von Numa, dem römischen König, der zwölf gleiche Schilde herstellen ließ, um zu verhindern, daß man das Original, den heiligen, von den Göttern gesandten Schild, raubte.

Denn das Universum war anfangs unbestimmt, was die Authentizität der Dinge betrifft. Aus den zwölf Schilden gingen zwölf Königreiche hervor, und niemand wußte mehr, welcher der echte war – eine sorgsame Perfidie Numas –, und ob es überhaupt jemals einen solchen gegeben hat. Im Kriegsfall ist nicht ersichtlich, warum die Missiles eher den Köder als den Zielgegenstand treffen sollten. Nur ein Mensch, ein bewußtes Wesen, das durch das Spiegelstadium gegangen ist, würde fast unfehlbar den Köder wählen (Macht der Verführung!). Wird sich aber eine Maschine, die schon ein Artefakt ist, nicht durch das reale Ziel verführen lassen? Man müßte folglich auf dem Höhepunkt der Militärtechnologie Subjektmissiles konstruieren, die sich durch Köder verführen ließen.

Wie gut ist es, im Schoß der Massen zu versinken! Besser, als in die Transzendenz (Gott) zu flippen, ist es, in der Immanenz zu hokken. Die Massen. Endlich die erträumte Gelegenheit für das Individuum zu verschwinden, wo es sowieso nur über seine Entfremdung und seinen Subjektivitätsverlust klagt. Hat man sie etwa nur zu diesem Zweck erfunden? Wir haben sie erfunden, wie wir das blaue und kalte Licht des Fernsehers erfunden haben, um vom Grund des Bildschirms her nach dem blendenden Zeichen eines definitiven Ereignisses Ausschau zu halten.

Um erotisch zu sein, muß das Objekt des Begehrens sich sexuell ungeniert zeigen, es muß eher – träumen als begehren, leicht zurückgeneigt oder schlafend oder selbstverloren aus narzißtischer Zerstreutheit – es muß Sie vergessen haben und sich Ihnen irgendwie seltsam anbieten, mit einer Art animalischen Gleichgültigkeit, süßem Wahn und unabsichtlicher Nacktheit. Nur der Körper ohne Begehren ist wahrhaft begehrenswert.

Die Frau, will sie Anlaß geben zur Verführung, darf nicht allzu bereit zur Vergewaltigung oder zur Hingabe sein, sie darf keine Zeichen der Niederlage, aber solche der Ohnmacht geben, was so viel heißt als: ich erlaube Ihnen, mich zu verführen.

Darin bleibt der Mann von der Frau abhängig: ohne dieses winzige, ultraviolette Zeichen der Ohnmacht kann er nicht zur Verführung verleitet werden. Die blauen Lider sind vielleicht ein solches Zeichen der Aufforderung, das jungfräuliche Gehabe eine solche fragile Anspielung. Die Initiative der Verführung geht immer darauf aus, den eingeschlafenen Schein zu wecken. Daß eine Frau verführt werden will, läßt sich daran ablesen, daß sie wie eingeschlafen aussieht – eine Liebesfalle.

Sie kann sich mit einem Schlag ihrer Existenz, ihrer Pläne, ihrer Leidenschaften entledigen. Sie engagiert sich in der Realität nur entsprechend einem geheimen Rücktrittsabkommen. Sie garantiert nie für ihr Vorhandensein, und das erlaubt ihr, es plötzlich auszulöschen und als gute Hysterikerin in ein anderes Leben hineinzuschlüpfen. Ein seltsames Leben, dieses ganz auf Transaktion ausgerichtete. Wenn ein Mann sie darum bittet, dieses gewaltige Opfer zu unterlassen, hört sie ganz zu existieren auf.

Die Epeda Multispirimatratze. Jedem seine Nacht, jedem sein Schlaf, dank der 3600 Spiralfedern, die jedem eine totale Autonomie gewähren. Die ideale Matratze, um den anderen zu lieben, ohne daß er es merkt. Als Automat seiner eigenen Lust lebt jeder seine Sexualität, wie er seine Nacht auf einer Multispirematratze zubringt. Er ist nicht einmal einsam, da ihm der andere nicht fehlt. Eher kommt er sich vor wie ein freischwebendes Mondfahrzeug. Tristan und Isolde träumen für sich, jeder auf seiner sexuellen Konsole.

Es ist eine platonische Idee, daß die Verführung die der Gebärmutter sei und die ganze Anziehung nur die Urtrennung verdecke. Die mütterliche Höhle folgt auf die Höhle im Ideenreich. Noch einmal dient die reale Frau und ihre Anatomie als heiliger Referent für eine platonische Ideologie. Der Schwindel der Verführung wird hier einfach in die Höhlung des weiblichen Bauches verlegt. Man geht vom subtilsten Spiel zum tiefsten und damit dümmsten Phantasma über.

Die tägliche Erfahrung fällt wie Schnee. Immateriell, kristallisch und mikroskopisch bedeckt sie die ganze Oberfläche. Sie schluckt die Klänge, die Resonanz der Gedanken, der Ereignisse, der Wind peitscht sie gelegentlich mit unerwarteter Stärke, und sie sendet ein inneres Licht aus, eine heimtückische Fluoreszenz, die alle Formen in eine dämmrige Ununterscheidbarkeit taucht. Die Zeit schneien sehen, die Ideen schneien sehen, das Schweigen sich mit einer nördlichen Morgenröte erhellen sehen, dem Schwindel der Umhüllung und der Weiße nachgeben.

Kleine Katastrophenbildung.

I. Verlust der Ausweispapiere – jedermann weigert sich, daran zu glauben, wie man nicht an den Tod eines geliebten Wesens glauben will. Man sucht lange, bevor man sich dazu aufrafft, man nährt weiter die Hoffnung, sie auf wunderbare Weise wiederkehren zu sehen, wie die Frau, die einen verlassen hat. Sie sind in der sonnenbeschienenen Welt des Kapitals unsere Schatten geworden. Wir sind Waisenkinder – die Leute, die die Fundbüros aufsuchen, sehen übrigens selbst wie Schatten aus. Logischerweise, denn der Verlust der Papiere geschieht nie ohne Schuld, ist Zeichen eines Verfalls. Ist ein Warnsignal. Viele werden dadurch von viel größeren Schwierigkeiten abgelenkt.

II. Der Traum vom verlorenen Paß: er bewahrheitet sich, ich finde ihn auch beim Aufwachen nicht mehr (und wenn ich träume, ich sei tot?) Am Abend zuvor sagt man mir, während ich meine Identität (meine Ausweispapiere) suche, daß der Paß kein wirklicher Existenzbeweis ist, nur ein internationales Transitdokument. Ich verliere ihn eine Viertelstunde später, ich verliere ihn auf der Polizeibehörde, wo er, wie der entwendete Brief, absolut ausgestellt ist.

III. Das gestohlene/nicht gestohlene Auto. Ich erfahre, daß mein eigenes Auto seit vier Jahren gestohlen ist. Man kann mir also keine Zulassung für das Auto ausstellen. Ich fahre ohne Papiere mein eigenes gestohlenes Auto. Wer bin ich? Der nicht angeschlossene Computer kann die Existenz eines realen Objekts nicht ausmachen, wenn es keinen Vorgang des Nachforschungsstops gibt. Alle Dokumente sind inzwischen verschwunden. Die Unauflösbarkeit der Maschinen, die Erwartung der Menschen. Dagegen sind in den vier Jahren alle Strafanzeigen vom Computer erfaßt worden, da es ja gestohlen war. Moral: die totale Straffreiheit liegt in der Kunst zu verschwinden.

IV. Am Ende findet sich alles wieder. Happy end. Ich finde mich selbst – die Katastrophe kehrt sich um – mit einer doppelten Identität wieder: 2 Zulassungspapiere, 2 Führerscheine, 2 Personalausweise u.s.w.

Ethischer Kolibri
Surrealistischer Söldner
Automat seines eigenen Vergnügens
ein Subjekt ohne anderen
ohne Anderen
ohne Andersartigkeit
ohne Unbewußtes
Metamorphose: nichts anderes als das andere, dann Subjekt/Anderer: die Metaphysik
dann das einzige Subjekt ohne anderen: Metastase
Überholtes recycliertes narzißtisches gestilltes Subjekt
ohne Transzendenz
medusiert autofasziniert metastasiert metastabilisiert ekstatisch
Keine Veränderung keine Alternative

autarke Nebulosität der Untersysteme: Politik Ethnien
Psychosprache
Niemand spricht hier mehr
Niemand existiert – ich auch
Involvierte Schrift absoluter Zentripetalkraft
Dann Rückkehr des Andern
Absolutes der Verführung der
Überraschung und des Entzückens
reines Ereignis reines Objekt
dieser Faszination Entkommen
introvertiert und zuletzt melancholisch
Selbstwiederholung einer Subjektivität ohne Wunsch

Brasilien 1982.
Die Tagundnachtgleiche Frankreich. Südlich der Tagundnachtgleiche, keine Sünde mehr.
Die kleine Tochter von Récife – Salome.

Sinnlichkeit der Gemüse, Früchte, Leiber, der Armut – dieser schmachtende Schmutz der Tropen. Diese Langsamkeit in den Gesten, im Denken. Dieses kreolische, anthropologische und (aus Liebe) anthropophage Unbewußte. Wie gut muß es sein, einen Bischof auf dem Strand nach der Messe zu verzehren, nachdem er Schiffbruch erlitten hat! Kannibalische, verliebte, verführerische Kultur. Unheilvolle Früchte, deren Fleisch man sich lebensgefährlich vorstellt, fad, behaart, mit obszönen Schwellungen und einer melancholischen Frische.

Die Favelas, die wie Gletscher bis an die Ränder der Luxusviertel heran reichen und, aufgehängt an den Hügeln, darauf warten, mit dem Erdreich hinabzurutschen, das das Sheraton unter den Trümmern der Armut begraben wird. Dieses Ereignis bleibt selbst jedoch vorläufig aufgehoben, das macht eben die Schönheit der

Stadt aus; wenn die Promiskuität die Armut ist, dann ist die Promiskuität der Armut und des Luxus Zeichen eines anderen Reichtums. Wie das Ineinander-Verschlungensein der Berge und urbanisierten Zonen an den launischen Rändern des Meers. Die Inselhaftigkeit erstreckt sich bis in die Stadt, wie draußen im Freien, in den Archipel hinein.

Keine Diskriminierung, aber auch keine Äquivalenz oder Gleichheit im Unterschied. Die Alternative ist nicht die Gleichheit des Rechts oder die Verschmelzung der Rassen, sondern die antagonistische Verführung, ein wenig wie das kannibalische Verschlingen des geliebten Wesens. Sexuelle und kulturelle Anziehung der Rassen untereinander. Nichts Schöneres als eine blonde Mestizin mit blauen Augen: Überraschung einer unlogischen Verbindung und eines reineren Modells.

Die Verführung tummelt sich in der Diskriminierung wie in der Prädestination. Tag und Nacht haben sich nicht zu gleichen, und eine Rasse nicht einer anderen: sie müssen verführen.

Brasilien ist noch der Ort eines Barocks der Mischung. Der rassische Puritanismus konnte hier nicht erstarken – diese tropische Lösung ist vielleicht jedoch fragil. Die einzige hier herrschende Strenge: die der Riten, nicht die der Moral, die der Regel, nicht die der Verdrängung. Eine kannibalische Gesellschaft hat kein Unbewußtes. Sie ist ebenso wenig sadistisch wie die üppige Vegetation: sie verschlingt aus Liebe. Die nördliche Sexualität ist eine Art Scherbengericht über die Welt durch den Körper. Die Sinnlichkeit der Tagundnachtgleiche ist eine Form der Aufnahme der Welt durch den Körper, Vegetation, Musik und Tanz.

Samba, capoeira.

Weder eine Explosion des Begehrens noch ein politischer Aufstand. Verzauberung. Eine Form kultureller Verzauberung, die die andere Kultur aufsaugt, verdaut und verspeist. Untertänige und brüchige Schicht; man bringt das europäische Tonsystem durch die Synkope aus dem Gleichgewicht, man verarbeitet europäische

Rationalität im Fetisch, feiticho: das Falsche, Gekünstelte, der Köder, alles, was für die abscheuliche Vermischung des Objekts mit seinem magischen und künstlichen Double steht. Die Wahrheit und Reinheit der Rasse versagen (fallen in die Synkope), dazu kommt noch die Trägheit der müden Körper. Alles am Terminus Fetisch bezeichnet von Seiten der Weißen die andere Kultur als Verführung, der man trotz aller materiellen und politischen Macht nicht wiederstehen kann.

Diese Aufzeichnungen kultivieren das Phantasma, später gelesen zu werden, anderswo, in meiner endgültigen Abwesenheit. Sie können im übrigen ab sofort als kleine Schrift des verbleibenden Lebensrests gelesen werden. Jeder Gedanke ist der letzte, jede Anmerkung ein Strich des Endes, jede Idee läßt nur auftauchen und verschwinden, wie dieser Planet die aufeinanderfolgenden Morgen- und Abenddämmerungen. Vielfältige Parzellen einer hypothetischen Dauer, die nicht existiert und die sich nur nach dem Tod zwischen den Zeilen wiederfinden läßt.

Einzige Leidenschaft heute: die der Vielfältigkeit gleichzeitiger Leben. Die der Metamorphose oder Anamorphose der Lebensformen, der Orte, der Liebesmodalitäten. Jedes Gegenüber ist einzigartig und müßte unsere Vorstellungskraft erschöpfen. Man kann nichts dafür: man muß dennoch vom einen zum anderen weitergehen. Jede Landschaft ist erhaben, man kann nichts dafür: man muß sie dennoch wechseln, das wahre Sublime unserer Zeit ist der Intercontinentalflug, der sie alle vereint. Alles tritt zurück vor der Fähigkeit, von einem Leben zum anderen überzugehen und nicht nur in einem zu sterben.

Vielleicht sind unsere Augen nur ein photographischer Film, den man uns nach dem Tod entnimmt, um ihn irgendwo zu entwikkeln und als Lebensgeschichte auf den Bildschirm eines infernalischen Kinos zu projizieren oder ihn als Mikrofilm in eine Sternenleere zu entsenden?

«Wir ziehen die Stürme der Freiheit der Stille der Verknechtung vor.»

Sehr erhaben, aber heutzutage ist die Freiheit nicht mehr stürmisch, und die Knechtschaft nicht mehr still. Heute haben wir die Stille der Freiheit.

Tatsächlich haben Freiheit und Knechtschaft keine Bedeutung mehr, die Rhetorik der Werte ist tot. Nur der Sturm bleibt, der die realen Wolken mit seinen heißen Blitzen erhellt, und die wahre Stille, die des Himmels vor dem Sturm.

Der Durst vertreibt die schwarze Laune der organischen Melancholien, Brennend heiße Eisberge in Vingrau, weißer Kalk wie Packeis an den Hundstagen, überall Blumen, Durst, hier liefen vor 500 000 Jahren Löwen durch die Savanne, unsere kleinen Regressionen haben keine solch wilde Dimension. Blaue Felsen wie das Eis von Caune de l'Arago, abgründige, purpurne Frische, mineralische, flüssige Melancholie, purpurne und flüssige Ekstase der Müdigkeit. Tierische, prähistorische Landschaft auf halber Höhe. Warum haben die Menschen nicht immer am Rande des Wassers gelebt? Vor den Tieren haben sie sich aus dem Staub gemacht. Gegen die Hitze haben sie sich Gleichgültigkeit zugelegt. Gegen die Melancholie haben sie eine groteske Stimmung und Delirien entwickelt. All das hat sich nicht groß verändert.

Tautavel, Juni 1982

Eine so zarte, schmale und durchsichtige Spinne, daß sie auf dem Papier so filigran aussieht wie die Adern unter der Haut. Sie stört nicht, sie läuft im Leeren, sie beeilt sich sehr, zu leben und zu sterben. Ihre Winzigkeit, ihre mikroskopische Einrichtung fordert das monströse Wesen, das wir sind, heraus, ihre Körperarmut macht uns Lust, sie zu zerdrücken, und das wäre nicht mal ein Verbrechen, da die beiden Universen in keinem Verhältnis zueinander stehen.

Das Original verlieren und sein Double wiederfinden – das Gesicht verlieren, aber sein Bild wiederfinden – die Unschuld verlieren, doch seinen Schatten wiederfinden – die Sonne überschreiten, um in die laue Nacht der Frauen einzutreten, in ihren leeren Gefühlsblick, in ihren Körper als Gegenstand von Liebkosungen, in ihre vom Leiden weich gewordene Haut.

Die Hitze erzeugt eine Art panischer Extravertiertheit unserer Wahrnehmung und soziale Verwirrung. Sie stellt uns von der Sexualität frei, der Körper hätte zu viel zu tun, um sich zu reproduzieren. Genießen ist nicht mehr selbstverständlich, eher lächerlich. Warum diesen zusätzlichen Exzeß? Arbeit und Askese sind ihrerseits Ausdünstungen, der Schweiß kommt nur begünstigend hinzu. Die feuchte Ekstase des Körpers bietet den Ausgleich zu dieser Sonne. Die Hitze schafft es nicht, die Körper in derselben Zuckung, in derselben archaischen Hingabe zu vermischen. Alles kopuliert mit der Hitze, die Ironie wächst mit der Sonne, der Schatten des Subjekts schrumpft. Die Schnelligkeit der Moleküle überholt das Willensstadium, und ginge es nur darum, die Straße zu überqueren. Sie annulliert sogar den Schlaf: wie und warum sollte man in diesem *Spektakel* der Hitze schlafen, da sie einen schon wie ein Traum überkommt?

Es gibt nichts Befreienderes als die große Hitze, wir geben der Sonne in traumwandlerischer Äquivalenz die ganze Energie zurück, die sie uns zur Verfügung stellt. Wir ziehen durch Anstrengung oder Genuß nichts davon ab, wir sind nurmehr der Spiegel einer thermischen und gedächtnislosen Gleichwertigkeit. Das ist ein schönerer Zustand als der des Wunsches, das ist, wie die Alten feinsinnig erkannten, der Zustand der Glückseligkeit. Und zuletzt ist die Hitze das Alibi der Nonchalance.

Perverse Sturheit, ein Feld bösen Willens, das der Weltverweigerung und Staatsordnung weiterzubestellen. Aber auch berechtigter Widerwille gegen die kollektive Himmelfahrt des Operationalen und die allgemeine und gemimte Versöhnung. Wir haben sowieso schon nicht mehr genug Feinde, muß man in diesen Zeiten der sozialistischen Synergie auch noch den Konsens betreiben?

Feigheit und Mut sind nie ungekünstelt. Ebensowenig die Liebe. Gefühle sind nie wahr, sie spielen mit ihrem Spiegel. Heutzutage sind die Ereignisse nicht wahr oder falsch, sie spielen mit ihrem Bildschirm. Man kann ein Ereignis nicht mehr von seinem Bildschirm isolieren wie einst eine Leidenschaft von ihrem Spiegel.

Es hat etwas Archaisches, wie sich Häuser oder Türme heroisch ihrer eigenen Schwerkraft zu entledigen suchen. Man kann sich noch leichter vorstellen, daß Türme erst im fünfzehnten Stockwerk beginnen, weil sie da erst reizvoll werden.

Oder noch besser eine Architektur, die auf der Oberfläche des Himmels beginnt, die den Boden in ungleichen Vorstößen erreicht, sich dort aber nicht aufhält. So muß auch die Theorie vom Ende der Dinge und ihrer vermutlichen Höhe ausgehen und zu ihrer Realität herabsteigen, ohne sich bei ihr aufzuhalten, da sie nur eine imaginäre Linie darstellt. Wenn man will, daß sich die Theorie zu beiden Seiten der Realität ins Unendliche verlängert, muß man auf einen Satz die unteren fünfzehn Etagen abtragen...

Hypothetisch-deduktive Weibchen, die in der Berührung mit dem Realen Feuer fangen und deren sterilisierte Asche am Himmel seltsame Arabesken hinterläßt, besonders in der Dämmerung...

Eine Frau kann so sehr geschminkt sein, daß ihr Verschwinden nie sicher ist. Das Leben kann so mystifiziert sein, daß sein Gegenteil niemals sicher ist.

Nie einem Satz widerstehen, der einem gefällt, in dem sich die Sprache selbst Lust macht und dessen Unschuld einen nach so langem Mißbrauch verblüfft. Der Sprache Lust machen wird plötzlich dasselbe, wie einer Frau Lust bereiten – genauso unerwartet, genauso unkonventionell, genauso selten.

Bald wird die Brille keine Prothese mehr sein, sondern das Erbmerkmal einer Gattung, die den Blick verloren hat.

Niemand gesteht sich im Grunde wirklich das Lebensrecht zu. Man hält sein eigenes Todesurteil im allgemeinen schön warm, versteckt es hinter der Schwierigkeit zu leben. Wenn diese ab und zu aufgehoben wird, ist der Tod, auf undurchschaubare Weise, auch schon da.

Diesen vertrauten Gegenstand gibt es seit fünfundzwanzig Jahren. Wieviel Jahrhunderte wird er zum Verschwinden brauchen? Ich habe mich geändert, das ist nicht normal, man muß doch die Verantwortung teilen. Das ist mein einziger Einwand gegen die unbelebte Welt.

Stellen Sie sich ein bewegliches und geschlechtliches Universum, umgeben von einem ungeschlechtlichen und unbeweglichen menschlichen, vor. Die Objekte hätten Namen, die Menschen nicht. Wir ertrügen es nicht. Wie können wir uns vorstellen, daß sie es aushalten würden? Tiere, Steine, Gegenstände stürzen die menschliche Ordnung unaufhörlich um. Wir selbst haben gerade erst die Hölle verlassen.

Das Fernsehen: jedes Bild vergeht darin ohne Wiederkehr. Die Kunst entgeht dem nicht. In ihren unzähligen gegenwärtigen Formen übt sie nur noch die Magie ihres Verschwindens aus und gibt blutleeren Lüsten Raum.

Die Traumpause, schlimmer als die Menopause: Ende der geistigen Eizellenbildung.

Die Sprache ist dermaßen unartikuliert, daß man eine doppelte Artikulation erfinden mußte, um sie unschädlich zu machen.

Weder frivol noch subtil – ernsthaft und tierisch.
Eine neue Form der intellektuellen Rohheit.

Weil sich das Subjekt im Spiegel betrachtet, ist es hämophil geworden: es gerinnt nicht mehr. Durch viel Transzendenz gerinnt das Blut nicht mehr, nichts bildet mehr Narben.

Erträumte Weiblichkeit: sie lebt nur im Kopf und in der Phantasie des Mannes. Die Frauen können sich gut und gern zu Millionen versammeln, sie werden nie so ein Bild hervorbringen, das nur von woandersher kommen kann. Wenn die Frauen nicht mehr zulassen, daß man von ihnen träumt, was Gewaltvorstellungen miteinschließt, werden sie ihren Genuß und ihr Recht verlieren. Der Mann hat nie vorgegeben, den Zugriff der weiblichen Verführung aus seinem Kopf zu verbannen – das erschreckende Vorrecht des befreiten Geschlechts zeigt sich darin, daß es jetzt das Monopol seines eigenen Geschlechts fordert: «Ich werde nicht einmal mehr in euren Träumen leben». Der Mann muß Herr der Idealfrau bleiben.

Auf den Hauts Plateaux: eine taktile Vorstellung von der Kugelgestalt der Erde, hervorgerufen durch das schnelle Gleiten der Wolken und ihrer Schatten auf der Erde. Wie in manchen sehr klaren Nächten spürt man, wie sich, wenn auch auf andere Weise, die Sphäre des Himmels, luftig oder sternenbesetzt, mit der Kurve des Globus vermählt. Daß unsere Erde eine Sphäre sein soll, scheint keinen direkten Einfluß auf unsere Lebensführung und unsere Repräsentationen zu haben, da wir alles in linearen Begriffen abändern, ohne Folgen für unsere Gedankenkurven. Diese Kugelgestalt der Erde antwortet ironisch auf jede menschliche «Einebnung». Wenn die Infrastruktur eine Kurve ist, ändert sich alles: man muß in

Kurven denken, um die Kugelgestalt der Erde mit der des Himmels zu vermählen.

Man muß zugeben, daß das Schreiben eine unmenschliche, uneinsichtige Tätigkeit ist – man muß es immer mit einer gewissen Verachtung und illusionslos tun und andere an unsere Arbeit glauben lassen.

Wasser in Puderform: man muß nur Wasser hinzufügen, um Wasser zu erhalten.

Die gleiche Panik von ihrer Seite gegenüber seinem Ideenreichtum wie die von seiner Seite gegenüber ihrer Frivolität der Sinne bewirkte, daß sie sich jahrelang wunderbar gefielen.

Gewisse Dinge entsprechen einander über die Kulturen hinweg; wenn es eine Verbindung zwischen den Sowjets und der Elektrizität unter dem Zeichen der Revolution gab, so gibt es heute eine zwischen dem Unbewußten und der Tiefkühltruhe unter dem Zeichen der Involution. Wie man die Lebensmittel einfriert, geht man im Unbewußten zur geistigen Einfrierung der Triebe und Zeichen über, dann leitet man von Zeit zu Zeit Phantasmen, Triebsegmente, Folgen des Signifikanten daraus ab, die man übrigens im Zwischenstadium des Unterbewußten, im Kühlschrankstadium sozusagen, auftauen kann – der Psychoanalytiker ist dieser große Meister der Kälte, der das vorsichtige Auftauen des Wahns und der Träume in seiner Praxis betreibt.

Freud meinte den USA die Pest zu bringen, aber die USA haben der psychoanalytischen Kälte durch reales Einfrieren, durch geistiges und sexuelles Tiefkühlen widerstanden. Der schwarzen Magie des Unbewußten setzten sie die weiße Magie der Verdrängung, der Klimatisierung, der Sterilisierung, der mentalen Frigidität und der kalten Medien der Information entgegen.

Die Ferien sind überhaupt keine Alternative zu der Verstopfung und Promiskuität der Städte und Arbeit. Im Gegenteil: man sucht den Ausweg in einer Intensivierung der gewöhnlichen Lebensbedingungen, in gewollter Erschwernis: so weit wie möglich weg von der Natur, so nah wie möglich ran ans Künstliche, an die Abstraktion, an die völlige Verschmutzung, an stress, forcing, Zusammenballung, Monotonie, weit über das Normalmaß hinaus – das ist das Ideal der Volkszerstreuung. Niemand denkt daran, sich der Entfremdung zu entziehen, nur bis zur Ekstase darin zu versinken. Das heißt Ferien. Und das Bräunen gilt als übernatürlicher Beweis dieser Hinnahme der üblichen Lebensbedingungen.

Diese Notizen abzuschreiben ist in jeder Hinsicht unschicklich, ich habe ein schlechtes Gefühl. Als sei es eine Art Aufhalten des Todes und der Gewalt, denn warum sollte man sie aufhalten in der Entwicklung des Manuskripts? Sie können nur von Hand geschrieben werden, weil sie weder ein Buch noch Gedanken sind. Sie stellen einen Geheimtext dar, der freilich auch keinen Sinn mehr hat. Man muß ein Zufallsende für sie finden, eine unbestimmte Fälligkeit, eine Möglichkeit, ohne sich verteidigen zu können, überrascht zu werden, eine Verteidigung, wie sie die Literatur mit sich bringt. Aber diese Phobie des Literaten langweilt mich auch. Die Diagnose lautet ganz schlicht: es gibt einfach keinen Grund, in seiner Schublade einen Spiegel zu verstecken.

Sie macht alles, singt Opern, dreht Filme, produziert sogar, schwimmt wie ein Gott, ist schön wie eine Göttin, ist in Mexiko geboren, hat eine durchsichtige Haut und sehr blaue und lebhafte Augen (was selten ist), sie sieht in ihrem engen weißen Lamékleid wie eine Liane oder eine Winde aus, sie spricht fünf Sprachen – es ist zuviel, einfach zuviel. Auf dem Gipfel der Vollendung kippt es um in Jungfräulichkeit, muß man sie schänden?

Die Kultur widerspricht jedem genetischen Kapital. Zauber und Glanz widersprechen der Biologie, der Vererbung usw., und fassen eine ganze Dynastie in einer Generation zusammen.

In einer Generation gelangt man nicht zu Ungezwungenheit und Mut. Mutanten sind feige.

Aus einem Konflikt wie dem von Falkland folgt eine Ungleichheit zwischen Nord und Süd und ein entsprechendes Anwachsen der Wut. Eine Wut (dasselbe gilt für Israel und die arabischen Länder) darauf, daß immer die Schwachen von Verachtung für ihre eigene Rasse erfüllt sind, dank einer von den höheren Rassen stammenden Kapillarität, die sie vor der anstehenden Rache zurückschrecken läßt und sie dazu bringt, sich lieber allen möglichen Selbstmordphantasien hinzugeben. In der Ordnung der Leidenschaften (die der wahre Rang der Kräfte ist) sind immer dieselben Länder, dieselben Völker auf ewig zum Ressentiment, zur Hysterie der Ohnmacht vor der hohen Effizienz der weißen Strategien verurteilt. Das ist unerträglich und könnte mich dahin bringen, die Völker des Südens und des Islam wegen ihrer Schwachsinnigkeit und ihrer Selbstmordrhetorik zu verachten, wenn ich nicht noch viel mehr die reinen und harten Weißen verachtete, die sich ihres ewigen Sieges zu sicher sind.

Es ist dieses Ungleichgewicht der Leidenschaften, der Tugend und des Muts (ihnen bleibt nur der Tod), das bewirkt, daß die unterdrückten Völker nie auf der Höhe ihrer eigenen Kraft stehen werden – was einen von einem Universum wirklicher Kräfteverhältnisse träumen läßt, in dem sich Vernichtungen wenigstens mit Blick auf die Weltordnung rechtfertigen ließen.

Oktober 1982

Junge Arbeitslose mit Jadeaugen.

Eine ganze Generation ist verschwunden oder hat die Seite gewechselt. Umschlagen des Eifers, des behilflichen Sozialismus, gegen die theoretische Radikalität: symbolischer Mord an der Intellektuellenschicht; dem symbolischen Mord an der Politikerschicht durch die schweigenden Mehrheiten vergleichbar.

Originell sind die beiden äußersten Haltungen: nichts ist verwirklicht, es gibt nichts mehr zu erhoffen, Gott ist gegen uns – alles ist verwirklicht, die Versprechen sind eingelöst, Gott ist mit uns. Beide Positionen führen zu hoffnungslosen Gesellschaften, die eine, weil alles verwirklicht ist, die andere, weil nichts verwirklichbar ist. Nicht in der Hoffnung liegt freilich die Kraft einer Gesellschaft, sondern in dem Vermögen, sich schon jetzt als vollendete zu begreifen. Die USA und der Iran, seltsam verbunden in ihrem gescheiterten Wüstenkommando, sind zwei Beispiele solch entgegengesetzter Gesellschaftsverwirklichung. Das Religiöse funktioniert im Iran als Sanktion ritueller Gesellschaftsoperation, als die fortgeschrittener Technologie in den Staaten.

In Japan gibt es 27 Begriffe zur Übersetzung von «Zeichen», und keinen zur Übersetzung von «sozial». Die Gesellschaften sind selten, die sich als solche denken. Die japanische «Gesellschaft» weiß mit dem sozialen, geschichtlichen und politischen Ideal nichts anzufangen – noch weniger Brasilien oder der Islam. Und ebenso wenig die amerikanische Gesellschaft. Letzten Endes sind es nur ein paar seltene und außergewöhnliche Kollektivitäten, die diese zarte Blume des «contrat social» zur Blüte gebracht haben. Heute ist sie schon dabei zu verblühen.

Die Transsexualität ist nicht verführerisch, sie ist lediglich beunruhigend.

Die einfache Entsprechung zwischen den Geschlechtern hat mit dem himmlischen Frohlocken der Verführung nichts zu tun.

Es liegt etwas physisch Beunruhigendes in der Doppeldeutigkeit der Körper, aber es gibt einen metaphysischen Charme in der Geschlechterdualität.

Die Männer fliehen vor der weiblichen Geschlechtsherausforderung in die Androgynität oder in die Transvestie – die Frauen entziehen sich dem Fordern des Mannes ihrerseits durch Scham oder Hexerei.

In Italien sind die Männer zärtlich, die Frauen nie. Man spürt, daß diese sich rächen müssen, ihre Sinnlichkeit ist voller Bitterkeit, sie können nur zwischen gebrochenen Männern leben, die sie wechseln wie ihre hysterische Eifersucht.

Der italienische Vergewaltigungsparagraph bestraft das «Einführen» (indurre), das heißt jede Art gewaltsamer Belästigung, jede Art von Entführung... wessen? Ein Blinzeln, eine Geste, eine Inszenierung – alles ist Vergewaltigung, denn alles ist Zeichen. Das geringfügigste Zeichen ist ein Anzeichen von Entführung. Dasselbe gilt für das feministische Imaginäre: keine Unterscheidung zwischen Vergewaltigung und Verführung, jede Aufforderung von seiten des anderen gilt als unakzeptable Vermischung. Was aber ist ein nichtvergewaltigter und nichtentfremdeter Körper? Ein Kastrationstraum. Der feministische Traum ist auch ein Traum vom Gesetz (habeas corpus).

Es gibt nicht nur keine Verführung, es gibt auch keine Vergewaltigung ohne ein minimales Zeichen. Ein Wesen, das wirklich alle Signale löschen könnte und keine antizipierte Antwort mehr aussenden würde, wäre vor Gewalt gefeit. Wir nehmen diese Haltung bei physischem Angriff oder aggressiver Anmache übrigens instinktiv ein: das Löschen der Signale der Angst oder Lust.

Sie legt sich gegen fünf Uhr morgens zu mir, nachdem sie die ganze Nacht durchgetanzt hat, es ist ein köstlicher Augenblick. Ich tue so, als schliefe ich, sie weiß es, in ihrem Körper schwingt das Echo einer durchfeierten Nacht, jetzt still neben dem meinen, die Musik tobt in ihr weiter. Das ist ein Heiß und Kalt unter den Leintüchern zwischen ihrem müden Körper, übererregt von Licht und Bewegung, und meinem, dunkel, unbeweglich, der sie in seiner Lauheit anzieht. Eine gewisse Eifersucht verstärkt dieses unerlaubte Nebeneinander: der eine hat getanzt, der andere geruht. Die oberflächliche Elektrizität des einen verliert sich in der träumerischen Tiefe des anderen. Ich genieße auch den umgekehrten Fall, wenn ich spät nach Hause komme und mich neben ihrem eingeschlafenen

Körper ausstrecke. Das Wallen des Festes erlischt in der Wärme des anderen, in seiner komplizenhaften Stille, wie der Strand zur Neige des Sommers, wenn die Sonne noch warm ist und niemand mehr da ist, sie zu genießen, sie beruhigt.

Man kann über so etwas wie den verfemten Teil nicht theoretisieren, ohne selbst Teil dieser Verfemung zu werden.

Es liegt etwas Lächerliches im Erklären der Dinge. Am Schlimmsten ist es jedoch, wenn man einen Sinn finden will, wo es keinen gibt. We are all pretenders.

Frische und wohlriechende Nacktheit der Dunkelheit, ultraviolette und stille Nacktheit unter den infraroten Blicken der Betrachter.

Man kann das Erhabene vom Angenehmen nur unterscheiden, weil die Erinnerung einem das Herz zuschnürt.

Der Kopf ist so leicht, daß er keinen Abdruck auf dem Kissen hinterläßt. Das Bett, aus dem sie sich erhebt, ist nicht unordentlich, die Leintücher haben sich kaum bewegt, haben sich kaum ihrer Form angeglichen. Sie ist so diskret, so leicht, wie der Schnitt des Messers von Dschuang-Dsi, das sich nie abnutzt. Ihr Körper zuckt nur ein paar mal vor dem Einschlafen im Echo der Lust.

Ein Stein, der bei Berührung des Bodens nichts von seiner Wärmeenergie eingebüßt hat, würde ewig mit unveränderter Elastizität weiterspringen. Ohne diese Reibung, ohne diese Berührung, ohne diesen Energieverlust gäbe es ewige Bewegung.

Könnte das in dem physischen Universum Undenkbare das Gesetz eines geistigen Alls werden? Könnte ein Gedanke, der bei Benutzung, bei Verdampfung, in Sekundäreffekten nichts von seiner Energie verlöre, der sich vor jeder Folge, vor jedem Einfluß und jeder Referenz hüten könnte, nicht unbestimmt lange weiterspringen und diese mögliche Elastizität und Souveränität der beweglichen Körper im leeren Raum behalten?

VICTORIA

In der Verkleidung dieser Frau in einen Mann vervielfacht die Weiblichkeit ihre Verführungskraft durch Ambiguität. Diese Frau ist im Smoking viel schöner, und da sie trotzdem Frau bleibt, drehen sich alle Zeichen der Verführung um. Es ist sinnlos, die Männer zu verführen, man muß die Zeichen des Männlichen verführen.

Nicht der homosexuelle Reiz verführt den Gangster, sondern die Vergöttlichung des Weiblichen mit Hilfe der Verwandlung und die Erahnung des Weiblichen im Spiel seines Verschwindens.

Das Weibliche ist eben diese erhabene Form der Ambiguität, wohingegen das andere, die Verkleidung des Männlichen ins Weibliche nur grotesk wirkt.

Das Ende des Films zeigt es: das Männliche hat keine Möglichkeit, die Zeichen des anderen auszuspielen, um in seiner Männlichkeit zu glänzen. Das war schon die wollüstige Idee Nicos, des falschen Transvestiten. Der wahre Transvestit ist ungeheuerlich, der falsche herrlich. Nur das Weibliche behält die Nacht der Enthüllung – das Männliche hat kein Geheimnis und das ist sein Unglück. Das Weibliche entspringt aus dem Geheimnis, das Männliche aus dem Obszönen. Deshalb ist verdrängte Weiblichkeit ekelhaft (es gibt nichts mehr zu erahnen), aufmarschierte Weiblichkeit hassenswert (sie wird männlich und nimmt den Charakter des Transvestiten an).

Das Männliche ist für Ambivalenz nicht gemacht, es existiert nur in der Erektion und gibt daher immer ein etwas komisches Schauspiel ab (das Weibliche in seiner Verkleidung ist eher ironisch).

«Wie soll man mit einer Frau leben, die sich als Mann ausgibt?»

«Aber du, bist du nicht ein Gangster, der so tut, als sei er keiner?»

«Wo ist das wirkliche Wesen? Wo ist das aufgesetzte Wesen?»

«We are all pretenders. Leben wir nicht alle ein Doppelleben?»

«Sind wir nicht alle im Vaudeville der Ambivalenz gefangen?»

Alles Doppeldeutige ist weiblich. Alles, was nicht mehr doppeldeutig ist, ist männlich. Das ist der wahre Geschlechtsunterschied, der weder im Sex noch in der Biologie liegt.

Je stärker das Bestreben ist, den Menschen in Mechanik und Systematik zu fangen, um so mehr muß man sich in die Gegenrichtung, hin zu einer Hypothese unlogischer Souveränität und materieller Intelligenz der Dinge bewegen. Das ist keine mystische, sondern die einzige *komische* Mutmaßung.

Die Regel ist nicht weniger verborgen, wenn sie sich zeigt. Das Geheimnis kann enthüllt oder verborgen sein, es ist damit nicht weniger geheim, es ist sogar in seinem Wesen vollkommen durchsichtig, aber diese Durchsichtigkeit annulliert nicht seine Ungreifbarkeit.

Eine der primitiven Lebenslagen: Verstecken spielen. Was für ein Schauer, versteckt zu sein, während einen die anderen suchen, welch köstlicher Schauder, entdeckt zu werden, und welche Panik, wenn die anderen einen nach langem Suchen aufgeben. Man darf sich nicht zu gut verstecken. Man darf nicht zu gut spielen. Der Spieler darf nie größer sein als das Spiel selbst.

Das wäre dasselbe, wie ein Wort zu schaffen, das so subtil ist, daß es ungesehen durchgeht und man gezwungen ist, es zu erklären.

Kann man daraus etwas anderes lernen?

Zwischen Verliebten gibt es eine Art wechselseitigen Kapitals nicht nur an Affekt und Lust, sondern auch die Möglichkeit, gleichzuziehen oder den Einsatz, den man im Herzen des anderen hat, zu verdoppeln. Eine der Strategien könnte darin bestehen, ihn im richtigen Augenblick zu opfern und der erste zu sein, der sagt, «ich spiele nicht mehr», weil man dann alle Einsätze einkassieren kann.

Der Wahnsinn ist nur wegen der Behandlung obszön, der Behinderte ist nur aufgrund der Sorge, die man ihm entgegenbringt, obszön (handicapped is beautiful). Obszön ist, was die Grausamkeit des Bösen in der Sentimentalität des Blicks ertränkt. Obszön ist vor allem das Mitleid, die schamlose Herablassung.

In ein Seminar über Verführung in Nanterre, das von einem motorisch und sprachlich Behinderten besucht wird, der nichtsdestoweniger die ganze Zeit über Verführung redet und die Anwesenden mit seinen verfehlten Beiträgen verärgert, kommt eines Tages eine schöne Feministin, die die Verführung als sexistische Ideologie bekämpft. Sie setzt sich neben den Behinderten und neigt sich während ihrer ganzen Intervention zärtlich zu ihm hinüber, um ihm eine angezündete Zigarette in den Mund zu schieben und ihn rauchen zu lassen. Als reichte sie ihm eine Pfeife, läßt sie ihn, dieses männliche

Wrack, der ihr als Kerzenständer und Alibi dient, an ihrem Stummel ziehen, wobei sie gleichzeitig gegen die Männer giftet, die nur Verführung im Sinn haben. Eine schöne provozierende Frau, die ihre Rache auf kleiner Flamme durch diesen armen impotenten Gelähmten hindurch kocht. Ja, die Rollen hätten vertauscht sein müssen, aber in welche Richtung? Sie brachte auch mich durch diese hinterhältige Lust, die sie bei ihrer Inszenierung empfand, zum Kochen; ich entdeckte sie auch in der Freude des blassen und perversen Krüppels, der mich von Anfang an verachtete und dem ich den Horror, den er mir verursachte, nie verbergen konnte – aber das, was er mir jetzt antat, war noch schlimmer, da ich mich mit ihm unter den symbolischen Streicheleinheiten des Mädchens identifizierte; sie erregte mich, indem sie ihn praktisch unter meinen Augen masturbierte und zu mir sagte: «Schau her, wenn du mongoloid wärst und impotent, hättest du ein Anrecht auf meine Gunstbezeugungen, ich vergewaltige dich durch ihn hindurch und du kannst nichts dagegen tun.» (Später, als ich sie zufällig bei einer Fête traf, machte sie mich ohne Skrupel an – ich wäre freilich lieber eine Seminarsitzung lang der Behinderte gewesen, dem sie die Zigarette zwischen die Lippen schob).

Sie kannte ihn überhaupt nicht. Es war ein toller Einfall, sich neben ihn zu setzen und ihn als Bolzen zu verwenden. Es war eklig, aber genial. Ohne ihn wäre sie nur eine lächerliche Feministin gewesen.

Ich liebe diese saubere und grausame Art, die Rechnungen zu begleichen, wie ich die geistige Haltung mag, die nach einer Erzählung kurz abbricht. Ich liebe diese Frau, die einen Behinderten schändlich ausbeutet, um ihren Scheißfeminismus zu propagieren, wie ich diese andere Frau liebe, die ihr Auge ihrem Liebsten schenkt, um auf eines seiner Blickkomplimente zu erwidern.

Wo beginnt der Stereoeffekt, der Punkt nutzloser Sophistizierung des Hifi, wo die Musik sich in der Besessenheit der fidelity verliert? Wo liegt der Punkt nutzloser Sophistizierung des Sozialen, jenseits dessen es auch in Stereo kommt und sich in der Besessenheit der Sicherheit verliert? Heutzutage bringt uns dieser Technizitäts- und Wahrhaftigkeitswahn endgültig von der Musik weg. Er erzeugt nur ein falsches Schicksal der Musik wie des Sozialen – das seiner Erfüllung in der Aufführungsperfektion.

Später werden wir Walkman- oder Tonbandträume haben, die wir wie Fernsehbilder vertonen, verlangsamen oder beschleunigen oder ein zweites Mal ablaufen lassen können, wenn sie uns gefallen. Vielleicht könnte man sich an die Träume der anderen mit Frequenzmodulationen anschließen und unsere Träume per Kabel übertragen? Der Traum wäre endlich zum Kommunikationsmittel geworden.

Umgekehrt dringt die Musik des Walkman wie ein Traum in den Körper ein. Sie gleitet weder innen noch außen hinter den Augen wie eine Spule vorbei. Wir handhaben sie. Wir wollen nur noch manipulierbare Bilder oder Empfindungen. Wir erwarten nichts Großes mehr von der Substanz der Bilder, aber alles von ihrer taktilen oder digitalen Manipulation.

Eine einzige Sache schützt uns vor Veränderung: das Exil. Im Realen oder am anderen Ende der Welt, in der Melancholie oder im Süden – ist das Exil eine wunderbare und komfortable Struktur.

Nur die Exilierten haben eine Erde. Ich kenne welche, die 10 000 km entfernt von ihrem Land leben, von ihren eigenen Brüdern vertrieben. Die anderen sind Nomaden, die in den Wüsten der Kultur ihrem Schatten nachjagen.

Es gibt zwei Arten von Schweigen. Das Schweigen der Sprache und das Schweigen der Stimme. Letzteres berührt uns tiefer.

John gedeiht normal, aber er spricht nicht, zur großen Verzweiflung seiner Eltern. 16 Jahre alt, sagt er endlich beim Tee: «Ich hätte gern ein wenig Zucker». Seine verwunderte Mutter: «Aber John, warum hast du bisher nichts gesagt?» «Bisher war alles perfekt.»

Wenn alles perfekt ist, ist die Sprache zu nichts nutze. Das gilt für die Tiere. Tiere reden nicht, weil für sie alles stimmt. Wenn sie eines Tages zu sprechen beginnen, dann weil die Welt eine große Vollkommenheit eingebüßt hat.

«Ich begehre dich», ist obszön.

«Du gefällst mir», ist subtiler – der andere ist Subjekt der Lust, nicht Objekt des Begehrens.

Das Begehren geht aufs Genießen, die Lust aufs Gefallen. Es gibt keine Begehren, zu gefallen – das «Gefallen» ist erbarmungslos.

Mit anderen Worten: das Gefallen nimmt früher die Stelle des Begehrens ein – heutzutage entschädigt uns der Wunsch für das Gefallen.

Das Alter selbst kann als «natürliche» Perversion ausgespielt werden. Frauen suchen nicht so sehr ihre Väter als das einfache Mysterium einer anderen Generation, die dem Tode näher ist, aber auch einem früheren Leben.

B. B.

– Mein Doppelgänger hat sich am Blinddarm operieren lassen.

– Sie können nicht mit der ganzen Erde schlafen, das ist unmöglich, ist eine Vergewaltigung.

– Ich verstehe so gut die mit Zielscheiben und Maschinengewehren gejagten Wildvögel.

– Ein weißer Rollce Royce und ein schwarzer Chauffeur.

Frau Gewalt Frau.

Rückkehr von einer langen Reise.

Wie schaffen es die Lebewesen nur, so weit voneinander entfernt zu leben und ihre Sachen mit solcher Gleichgültigkeit zu erledigen? Wie schaffen sie es, eine solche Ewigkeit vorzugeben, wenn man nicht anwesend ist? Verblüffung über diese sich mit Tausenden von Kilometern verbrüdernde Banalität, während man selbst in surrealistischen Geschwindigkeitsannäherungen lebt. Verblüffung über die Gleichzeitigkeit der Städte, die dank des Flugzeugs in einer einzigen nächtlichen Diagonale vereinigt sind.

Die Weltstädte sind tatsächlich konzentrisch, isomorph, synchron. Es gibt nur eine und man ist immer in derselben. Darin liegt die Wirkung ihrer permanenten Revolution, ihrer intensiven Zirkulation, ihres plötzlichen Magnetismus – getrennt vom ländlichen Universum, in dem es das Gefühl der Weltsimultaneität des Tausches nicht gibt. Die Städte fassen, im Kurzschluß der Zeitverschiebung, sie auf frischer Tat der Existenz ertappen.

Die einzig mögliche Strategie besteht darin, den beiden entgegengesetzten Lösungen vollkommen gleichgültig zu begegnen. In solchen Momenten läßt sich alles mühelos erfinden, da man nicht weiß, in was für ein Schicksal man hineingeraten wird. Es ist, als ob die Ideen aus zwei Richtungen gleichzeitig kämen, da man für die

Strategie des anderen ebenso offen ist. Wenn er besiegt wird, dann nicht aufgrund der Kräfteverhältnisse, sondern weil man ebensogut seine Position hätte beziehen können. Das legt einem Listen und Lösungen nahe, denen er sich nur beugen kann.

Wenn die parapsychologischen und außerirdischen Erscheinungen wahr oder auch nur plausibel wären, müßte man sich ihnen gänzlich, ohne einen Augenblick zu verlieren, widmen. Ich verstehe nicht, daß man eine Sekunde mit etwas anderem verliert. Dasselbe gilt aber für die Wissenschaft. Wenn die Wissenschaft ist, was sie ist, und die Wahrheit das, was sie vorgibt, verdienen sie radikale Leidenschaft. Nur wird es damit nichts. Nicht nur die Massen, sondern auch die Wissenschaftler widmen sich ihnen nur halbherzig. Wir empfinden für die Wahrheit nur eine sehr läßliche Leidenschaft, eine lässige Anhängerschaft wie für irrationale Phänomene. Nur der Suspense der Wissenschaft kann unser plötzliches Interesse wecken, freilich nur die Passion des Suspense... Sie wird heutzutage nur durch die Tatsache geweckt, daß nicht einmal die Wissenschaftler einen Ausweg aus der Wissenschaft sehen.

Die Genauigkeit der Wissenschaft bringt heute nur noch eine künstliche Stereophonie hervor, sie erzeugt stereonomische und holographische Wirkungen (die Spirale der DNS ist eine solche), und dieser bloße Schatten genügt zur Unterschlagung der Erscheinungen. Aber das solcherart erfaßte Wirkliche ist flüchtig, wenn nicht reversibel. Unter der subtilen Folter der Wissenschaft legt die Wirklichkeit immer nur das Geständnis ihrer Nicht-Existenz ab.

Je tiefer die Sachen werden, um so mehr weichen sie wie in einem konkaven Spiegel zurück. Dem Abheben in die Transzendenz und der Himmelfahrt der Welt (Gesetz, Idee, Gott, Wahrheit) folgte ein Prozeß der Verflüchtigung ins Tiefe, des schönen Entgleitens in die Immanenz.

Wo das Weibliche ohne Ideologie, auch ohne geschlechtliche Hysterie, mit freudiger Lockung und einer lasziven Form geschenkter Exhibition und ironischer Szenographie eines Geschlechts ohne Begehren wiederkehrt: leichte, transparente Perversion, neue Allegorie des Körpers.

Kleine gleichgültige Vertiefungen
kleine historische Illuminationen
kleine laszive Intentionen
kleine künstliche Unterschleife
kleiner sehr morgendlicher Kristall
kleiner grauer, sehr sinnlicher Himmel
kleine intime Zufälle

Wir, die Lebenden, sind nie nackt – Blick und Stimme sind immer vorhanden. Wir sind es nur in der Schande, wenn die Sprache versagt. Und eben im Tod, der uns aufs Schlimmste beleidigt. Die Toten brachen auch nie nackt zum großen Schlaf auf. Genausowenig schläft die Frau jemals nackt – sie hat immer etwas Schmuck, Schminke, Creme, einen Gedanken, der ihr als Ausstattung gegen den Abgrund des Schlafs dient.

Blicke, die sich elektrolysieren.
Lippen, die sich feminisieren.
Augen, die sich androgynisieren.
Träume, die sich verflüchtigen.

Die Gleichgültigkeit der Bäume gegenüber dem geschichtlichen Augenblick. Die Indifferenz der Träume gegenüber ihrer Deutung. Die Teilnahmslosigkeit des Volkes gegenüber seinem eigenen Sieg. Die Taubheit des Körpers gegenüber seiner Revolution. Die metaphysische Blendung der Identität der Gesichter am frühen Morgen des Umsturzes. Die Bezüge haben sich nicht verändert. Man erwartet die gewaltsame Erhellung und dabei ist es, als schliefe man mit seiner Schwester, es hat sich nichts am Leben geändert.

Es zeugt von derselben Gewaltsamkeit, die Verteidigung der Opfer zu übernehmen, denn Mitleid ist obszön.

Physische Gewalt erreicht nie die Souveränität des Opfers. Mitleid oder Solidarität berühren es nur in seinem Stolz, nur in dem, was der Mensch an Unmenschlichem, Grausamem und Stolzem sich selbst gegenüber kennt.

Grausamkeit zielt auf den, der fähig ist, mehr zu sein, als er ist, Mitleid meint denjenigen, der schuld daran ist, so zu sein, wie er ist.

Solidarität, die, wie heutzutage meist, nur Anteilnahme an einem erbärmlichen Schicksal ist, ist widerlich.

Mit den Augen verschlingen, die Wolke der Brauen überschreiten, diese tränenüberflutenden Augen vergewaltigen, bis hin zur heuchlerischen Sonne, von einem verführerischen Denken erhellt, andere unter Tränen genießen – moderner und sentimentaler Kannibalismus.

Das Gewirr der Hecken, der Komplizenschaften, der Rivalitäten von Schulen, der Stimmungsschwankungen bewirkt, daß jedes Atom der intellektuellen Welt, das in einem Zustand höchster Exponiertheit sich selbst und seinen schlechten Gewissen gegenüber lebt, sich allein bevorzugt und die anderen verachtet. Es gibt da eine unergründliche Animosität. Tausende giftiger Schlangen, in kommunizierenden Röhren verschlungen. Das gegenseitige Zerfleischen gehört zur Einrichtung dieser Mikrogesellschaft, und die zum Einlaß ins intellektuelle Heiligtum abverlangte Initiationsprobe besteht in dem Vertrag von Haß und Exklusivität: provinzielle Leidenschaft, verschärft durch die Sophistizierung der Ausdrucksmittel. Daß sich daraus von Zeit zu Zeit gewisse verwirrende Wirkungen von Schönheit und Beziehungen zwischen Menschen ergeben, bleibt ein wunderbares Paradox, das man den perversen Wirkungen oder den Listen der Tugend zuschreiben muß.

Seit langem übertreffen Vorspann und Abspann den Film an Kühnheit und Humor in ihrer Kunst der Bilderellipse. Der Unterschied ist nur deshalb nicht mehr so groß, weil sich der Film ihnen angepaßt hat.

Hinter der Menge an Information ist kaum mehr ersichtlich, was am Firmament der Aktualität geschieht. Was aber geschieht am Himmel des Unaktuellen? Es gibt keine kritische Entfernung mehr, nur noch die reine Distanz. Diese wird nicht mehr durch einen Einwand gegen die Zwecke oder Mittel hervorgerufen, sondern durch den Zerstörungseffekt der Ursachen. Die reine Distanz ergibt sich aus einem Rückzug des Objekts in radikale Objektivität. Neue Leidenschaften tauchen auf, auf deren Gipfel die des Humors, des objektiven Zufalls, der astronomischen Komplexität, der Faszination, der Allegorie, der Ellipse, der Indifferenz und der Ungeduld glänzen.

Arbeit des Negativs/Negativen. Als in der Geschichte beendet, geht sie auch im Video oder im numerischen Bild zu Ende: es gibt kein Negativ/ nichts Negatives und keine Tiefe mehr, nur Minimaldefinitionen (nur die Großaufnahmen gehen noch durch). Unmittelbare positive Synthese des Bildes. Taktil und digital: dank des Blicks mehr Präsenz im Bild, aber im digitalen Sinn, der ein Sinn von Beherrschung und Kontrolle ist.

Vélizy. Pyrenäenbauern, denen man optische Fasern, Hertzrelais, das Kabelfernsehen einpflanzt. Der Einsatz ist hoch. Nicht nur der soziale Einsatz. Glaubten diese Leute vielleicht, mit ihren Nachbarn, ihren Tieren, ihren Geschichten zusammenleben zu können? Welch skandalöse Lebensumstände Unterentwickelter, welch ungeheuerliche Beraubung der guten Informationssubstanz, welch barbarische Einsamkeit, in der sie verharrten, ohne sich ausdrücken zu können usw.

Früher ließ man sie in Ruhe, man jagte sie nur, um sie in der Stadt, in Fabriken oder im Krieg krepieren zu lassen. Warum braucht man sie plötzlich, wo sie selbst doch nichts brauchen? Wofür müssen sie Zeugen sein? Man wird sie, wenn es nötig ist, dazu zwingen: wir haben einen neuen Schrecken, nicht den von 1984, sondern den des 20. Jahrhunderts – und eine neue Schwärze, eine neue unfreiwillige Unterjochung. Es gibt bereits einen Märtyrologen der Information. Den Bretonen gibt man nach der Sprengung der Relais so schnell wie möglich das Fernsehen zurück... Vélizy... die Pyrenäen. Neue Meerschweinchen. Neue Geiseln. Gekreuzigt auf dem Altar der Information, am Pranger ihrer Konsolen. Lebende Informatisierte. All dies, um von ihnen Geständnisse der unbeschreiblichen Wohltaten, mit denen man sie überhäuft, zu erpressen, um von ihnen Geständnisse ihrer Sozialität, normaler Lebensumstände gesellschafteter Anthropoiden, zu erzwingen.

Der Sozialismus erzeugt eine Dekomposition der intellektuellen Position.

Verlernen, was sie sagen. Sie glauben ja selbst nicht daran, oder die gewaltsame Anstrengung, die sie aufbringen, um daran zu glauben, hat keine Verbindlichkeit.

Wir befinden uns in einer Epoche, in der die geistigen und intellektuellen Strukturen im Begriff sind, sich in Gedächtnisse und Archive zu vergraben, weit weg von der Sonne, auf der Suche nach schweigender Effizienz oder undenkbarer Wiederkehr. Alle Gedanken buddeln sich mit der Wachsamkeit des Jahres 2000 ein. Sie riechen schon den Schrecken des Jahres 2000. Sie übernehmen instinktiv die Lösung dieser Unterkühlten, die man in flüssigen Stickstoff wirft, in der Hoffnung, daß sie eine Überlebensmöglichkeit finden. Sie sind wie diese Todesware, die man in den unterirdischen Sarkophag des Forums der Hallen wie in ein virtuelles Museum, auf einen Wühltisch für die Generationen nach der Katastrophe, verbannt. Sie werden nie aufwachen, aber sie wissen nichts davon. Das Jahr 2000 wird nicht stattfinden, aber sie wissen nichts davon.

Sich tot stellen. Das reicht von Starre bis zur Nachahmung der Tiere oder zu den messianischen Konvulsionen der ersten Christen, die es leid waren, auf die Versprechungen des Himmels zu warten und so die Erlösung im selbst herbeigeführten Tod suchten.

Dasselbe Versprechen liegt hinter allen Selbstmorden und allen Formen des Verschwindens: so viele Köder, um Gott durch Vorwegnahme des Endes zu verführen. Man braucht eine Falle, um Gott von der Geschichte abzulenken. Die Katharer hatten das vollkommenste Ende, um Gott vom Warten abzubringen und ihn zur unmittelbaren Verantwortung zu ziehen, gefunden.

Der Terrorismus macht nichts anderes: er versucht, die Macht durch eine plötzliche Tat in eine Falle zu führen, ohne auf das Ende der Geschichte zu warten. Er begibt sich in die ekstatische Haltung des Endes und hofft, die Voraussetzungen zum Jüngsten Gericht herbeiführen zu können. Damit wird es natürlich nichts, aber diese Herausforderung ist bewundernswert.

Liegt nicht ein gewisser Abglanz dieser Forderung in dem weltweiten Spuk der Katastrophe, der über der heutigen Welt hängt? In der Forderung nach einer gewaltsamen Lösung der Dinge, bevor sie sich in Hyperrealität auflösen. Wenn die halbsichtbaren Ziele uns entgehen, wenn es klar ist, daß die Botschaft nie die Zeit haben wird, das Ende der Geschichte zu erreichen, da es in der Zwischenzeit eingetreten sein wird (wie in der Messiasgeschichte Kafkas: zu spät, immer zu spät), dann kann man sich ebensogut tot stellen und auf die Beschleunigung des Endes setzen, das Kommen des Messias kurzschließen, die Begegnung der Dinge fälschen, den Lauf der Zeit überstürzen – in der Ungeduld der Erfüllung und im geheimen Wissen darum, daß das Versprechen selbst auf jeden Fall falsch und teuflisch ist.

Wenn es einem gelingt, die Dinge nicht zu zerstören, sondern ihren Anfang und ihr Ende zu tilgen, werden sie verschwinden (ist das die Lösung des Problems des Illusionismus?). Sie sind jedoch nicht physisch tot. Sie leuchten in *einer Art Gnadenstand, der der des Verschwindens ist.* Er führt zu einer zweiten, reinen und leeren Form des Ereignisses oder der Person, *die die Form des Schicksals ist.*

Was verschwunden ist, hat alle Aussichten, wiederzukehren. Denn was stirbt, wird in der linearen Zeit gelöscht, was verschwindet, geht jedoch in Konstellationen ein. Es wird Ereignis eines Zyklus, der es vielfach wiederkehren lassen kann (ist das das Geheimnis der Rose bei Paracelsus?).

Meine Geliebte ist nach Sevilla abgeflogen
sie ist sicherlich nicht allein
dennoch träume ich von ihr
und von der vergangenen Nacht

Haïku

Die Poesie riecht zu sehr nach Poesie. Die Philosophie zu sehr nach Philosophie. Die eine wie die andere leiden an einer schrecklichen Redundanz. Geziertheit des Verbs, Geziertheit der Tiefe. Beide langweilen uns gleichermaßen.

Dieser Mann (der Held der Venetianischen Suite) wird ein vollkommenes Schicksal haben. Man wird ihm nicht nur folgen und ihn photographieren – ein erhabenes Schicksal – , da er sich entzogen hat und man alle Photos ohne ihn machen mußte, wird er gedoubelt werden – ein lächerliches Schicksal.

Der Terrorismus antwortet unduldsam auf die Hypertoleranz unserer Gesellschaften, wie sich die Vergewaltigung intolerant gegen unsere unbegrenzte sexuelle Duldsamkeit verhält (ihr Zins wächst mit dem Zins der sexuellen Befreiung, wie paradox). Darin zeigt sich die Gewaltsamkeit der zweiten Generation – als Reaktion auf das Fehlen von Gewalt. Von daher die Krankheiten der zweiten Generation (Krebs) – Reaktionen auf die Hyperprotektion des Körpers.

Wenn eine Frau in unseren Armen alle Signale der Lust tilgt und keine andere Lösung nahelegt als entzauberte Vergewaltigung, nützt kein Phantasma mehr. Es ist jedoch nicht dasselbe, wenn ihr sexuelles Verlangen darauf hinausläuft, der Vergewaltigung keinen Raum zu lassen.

Das Reale ist fettleibig, kannibalistisch, nostalgisch und sentimental. Gott schützt uns vor ihm ebenso wie die exzessive Welt. Nur die Ironie bewahrt ein bißchen Realität der Welt und ihren Zins unbestimmter Fatalität.

Ich hatte in dem Flugzeug, das von Barcelona mit einer Gruppe Senioren von den Balearen an Bord abflog, Angst. Für viele alte Damen war es die erste Reise ihres Lebens, und etwa so, als seien sie nach Lourdes gefahren – man weiß, daß es immer diese Flugzeuge sind, die abstürzen.

Ihr Geschnatter, ihr Geschwätz, ihre überflüssigen Streitereien, ihre tiefe Enttäuschung, all das legte die Katastrophe nahe, wie sie immer die Nähe der Dummheit erzeugt.

Die Abscheulichkeit einer albernden Gruppe beleidigt immer die Erhabenheit des Dekors, besonders die eines Fluges. Ihr mangelnder Respekt für dieses stratosphärische Gleiten, zweifellos die schönste, zugleich langsame und supersonore Metapher für die Geschwindigkeit unserer Wechsel – eine übernatürliche Inszenierung unserer Analysen (die Transzendenz unserer Vorfahren war in den Bergen, für uns liegt sie in dieser fortwährenden Kulmination des Fluges, der horizontal verlaufenden Vertikalität, dieser beweglichen Höhe) – , ihre dumme Gleichgültigkeit gegenüber allem verlangte irgendwie nach göttlicher Züchtigung, und ich blickte intensiv durch das Bullauge, um Gott von seiner Rache abzubringen.

Mysterium des absoluten Nullpunkts. Während man nichts von einem Grenzwert der Erwärmung weiß, gibt es sehr wohl einen für den Tiefstand der Kälte. Was tut sich in der Umgebung dieses Punktes minus 270 Grad, den man nicht überschreiten kann? Absolute Unbeweglichkeit der Moleküle, Stillstand der Brownschen Bewegung – und damit *das Ende der Ungewißheit?*

Der Tod ist nur eine relative Phase – wenn man an ihn denkt, wimmelt es im Leichnam noch immer von wahnsinnigen Elektronenbewegungen. Bei unseren Vorfahren wurde das Wimmeln im Leichnam durch das der Würmer beendet, bei uns reicht es bis zu Ursuppepartikeln.

Mit der Geschwindigkeit ist es umgekehrt: keine Geschwindigkeit jenseits der des Lichts, absolute Grenze der Beschleunigung, während die Langsamkeit ins Unendliche gehen kann. Es gibt keine absolute Unbeweglichkeit. Verrückte Spekulationen, an numerischen Aberglauben gebunden: die Linearität erzeugt die Idee eines nicht überschreitbaren Punkts. Qualitäten dagegen haben keine Grenzen: über dem Rot liegt das Violett, jenseits des Violetts eine andere virtuelle Empfindung: Feld der Metamorphosen.

Während du sprichst, schaut sie nur auf deine Hände. Sie scheint von deren Bewegung fasziniert zu sein, sie hört dir nicht zu. Eine seltsame Geste, die einen aufgrund ihrer Verrückung, ihrer sachten Verrücktheit berührt... das sind dieselben, die einem in der Liebe sagen: schau mich an, verlaß mich nicht, laß mich nicht allein...

Feuchte, lebhafte, durchsichtige Lippen. Frische und schalkhafte Lippen wie ihr Lachen in der Nachtluft der Côte des Neiges. Weder lateinische Sinnlichkeit noch amerikanische Entkörperlichung, eine ironische Freiheit einer Winterzivilisation, eine hyperboreische Form der Zärtlichkeit und sexueller Respektlosigkeit, vielleicht eine neue Form von Weiblichkeit...

Die Mode ist mehr, als eine unterscheidende Soziologie dazu sagen kann. Sie ist kollektive Leidenschaft. Die Kultur im allgemeinen ist mehr als ein feine Unterschiede begründender Mechanismus, sie ist die Zauberform, die sich eine ganze Gesellschaft ohne Unterschied über eine leidenschaftliche Verknüpfung der Formen, der Sprache, der Zeichen verleiht, und die, obwohl verwurzelt, doch die grammatikalische Ordnung der Differenzen ins Wanken bringt. Wir haben anscheinend diese weltschöpferische Version der Kultur verloren, sind ihrer semio- und soziologischen Lesart verfallen.

Man verzehrt sich vor Leidenschaft, aber man nährt sich von Obsessionen. Die Obsession ist die nahrhafte Form der Leidenschaft.

Wenn eine Frau nackt ist, verschleiert sich die Zeit.
Wenn die Zeit sich verschleiert, sind ihre Augen klar.
Wenn ihre Augen sich verschleiern, ist ihr Bauch warm.

Wir befinden uns in beweglichen Lagen, in denen nichts verborgen, alles veränderlich ist – eine Welt ganz neuer Unschuld, die von der utopischen Konstellation des Geheimnisses nicht mehr erhellt wird.

Das Individuum ist deswegen nicht weniger entfremdet, weil man alles über es weiß, sondern in Not, weil man von uns verlangt, alles über uns selbst zu wissen: Prinzip einer neuen und endgültigen Verknechtung.

Vom Exzeß der Information und der Waffen läßt sich viel mehr erwarten als von der Kontrolle der Information und der Waffen.

Da, wo die Gefahr wächst, wächst das Rettende auch.

Anläßlich eines Streiks in Quebec besetzen die Studenten den Computerraum. Nicht um die vitale Mitte des Imperialismus zu treffen, sondern einfach, weil es Winter ist und das der einzige Ort, wo sie es warm haben, da die Verwalter es nicht riskieren können, den Strom abzuschalten, aus Angst, das Computergedächtnis zu zerstören.

Schönheit ist nicht käuflich, da sie über jede Anstrengung, sie zu verdienen, hinausleuchtet, da ihr niemand das Äquivalent ihrer Kostbarkeit bieten kann. Sie muß sich also selbst vernichten. Das war ihre Droge: kalkulierte Gemeinheit, Leugnung ihres eigenen Glanzes, Selbstmord.

Es genügt, einer Frau von einer anderen Frau zu erzählen, um in ihr das Gefühl zu erwecken, ersetzt zu werden. Es reicht aus, daß einem eine Frau von einer anderen Frau erzählt, und schon hat man Lust, von der einen zur anderen überzugehen. Derjenige muß verrückt sein, der diese transferentielle Untreue leugnet.

Wenn die sowjetische Gesellschaft mit ihren ideologischen Zielen und angeblichen Endzwecken konfrontiert würde, bräche sie auf der Stelle zusammen. Daß sie bestehen bleibt, ist zugleich enttäuschend und mysteriös. Man vergißt, daß sie nur dank der kollektiven Verbundenheit in der *Komödie* der Ideologie, in der *Komödie* der Bürokratie überlebt. Noch allgemeiner: eine Gesellschaft überlebt nur wegen der Verbundenheit in der *Verballhornung* ihres eigenen Modells.

Diese Wahrheit gilt in Umkehrung in besonderem Maße für Italien: Ohnmacht des Staates, Durcheinander der Institutionen, Hintertreibung der Grundsätze: all das ist ohne Bedeutung, weil die Lächerlichmachung einen mysteriösen sozialen Konsens, eine heimtückische Solidarität erzeugt, die das Ganze vor dem Zusammenbruch bewahrt.

Peep-show, strip-tease: Gleichgültigkeit des Körpers gegenüber dem sich auf ihn richtenden Blick. Ein in seiner Präsenz taktiler und dennoch in seiner Essenz intakter Körper, da seine Schlangenbewegung sich gegen das Niederlassen des Blickes wehrt. Unverletzbare Transzendenz der Frau und ihres Körpers. Körper im Glorienschein seiner sexuellen Attribute wie ein Tierpanzer – das wird aus dem Sex dank der für ihn gehegten Bewunderung. Eine himmlische Leidenschaft für Inszenierungen leitet hier das Spektakel, die auch die Natur zur aufwendigen Inszenierung ihrer Gattungen und Unterschiede verleitet hat.

Entwaffnete, archaische, indifferente Denkart. Ich sehe das Ende der Selbstverleugnung voraus, als ob sich die Herausforderung nicht mehr lohnte: Ablehnung jeglichen Urteils. Diese Form war schon in der Kindheit und Jugend da – eine atonische, feige, unnütze, unverantwortliche, unkultivierte Form ohne Wunsch.

Habe ich je eine Empfindung für diese Bücher gehabt? Habe ich je den Anflug eines Gefühls für diese Frauen gehabt? Habe ich jemals Lust gehabt, all diese verschiedenen Länder zu entdecken?

Mich hat nur die Unmenschlichkeit der Dinge bewegt, und noch nicht mal die habe ich in mein Leben einbringen können. Dieses Urteil kann ich der Tonalität der Ereigniskurve, der Melancholie der Gesichter, der Eitelkeit und Flüchtigkeit der Unternehmungen entnehmen. Ich staune immer noch über den Spiegel, den wir den anderen vorhalten können, über das verliebte oder ironische Bild, was wir im Spiegel gelegentlich noch immer füreinander abgeben.

Mehr und mehr sind es die Maschinen, die Lampenfieber haben, nicht die Menschen. Die Menschen haben Lampenfieber nur, wenn sie sich bemühen, wie Maschinen auszusehen.

Alle Wahlsituationen laufen darauf hinaus: bevorzugen Sie eine Frau mit einem x-beliebigen Körper, aber mit einem verführerischen Gesicht, oder ziehen Sie ihr eine mit einem verführerischen Körper und einem gleichgültigen Gesicht vor? Ein falsches Problem. Man muß immer die Situation wählen, in der man keine Wahl hat: vielleicht, weil die Frau vollkommen ist, vielleicht, weil es nur diese eine gibt.

Traum: ein mit einem zerschnittenen Marmorblock beladener Lastwagen bringt die Säulen eines Gebäudes zum Wanken, dessen Architektur an Versailles oder an Sankt Peter in Rom erinnert. Er stürzt um und der Lastwagenfahrer steigt fluchend heraus. In der Zwischenzeit hat die ganze Fassade zu wanken begonnen und stürzt nun langsam ein. Und wie Tiere, die ein untergehendes Boot verlassen, beginnen die bis dahin unbeweglichen, stehenden, gebeugten, abgestützten Statuen aufzuwachen, sich zu rühren, die Augen zu öffnen und davonzulaufen, um dem Desaster zu entgehen. Waren es menschliche Wesen, die diese Rolle seit Jahrhunderten spielten? Sie warteten auf das Ende, um sich endlich zu befreien.

Die Frauen haben deshalb diese außergewöhnliche Überlebensfähigkeit (sogar in der Liebe und nach dem Bruch), weil sie ja neun Monate vor einem da waren und also auch nachher neun Monate länger da sein werden. Die Zeit, die in Rechnung gestellt werden muß, beginnt mit der Geburt, aber die andere Zeit hat schon vorher angefangen. Die Frau, die diese Zeit vor der Geburt innehat, verfügt logischerweise auch nach dem Tod über sie.

Dallas: Die Filmemacher lassen alle Frauen der Fernsehserie nacheinander im Schwimmbecken die Todesszene spielen, sie wissen nicht, welche sterben und also aus der Serie verschwinden muß.

Die Fernsehserie wird ihr Schicksal. Wenn sie wirklich sterben, dann läßt man sie im Drehbuch verschwinden. Wenn sie im Drehbuch geopfert werden, dann können sie sich auch im Leben als Star ausknipsen, da sie von ihrer Filmfigur nicht mehr zu trennen sind.

Wie in der Kirche: außerhalb des Rituals ist man nichts, aber das Ritual ist dehnbar genug, um alle Vorfälle des Lebens einzuschließen. Das Geheimnis von Dallas liegt in seiner Verwandtschaft mit Stammes- und Initiationsstereotypen. Das hat zur Folge, daß man nie lacht. Kein Geist, kein Humor, keine komische Episode, kein glücklicher Zufall. Eine geschlossene Welt, in der alles Schicksal, Perfidie, sentimentaler Inzest und magischer Kannibalismus wird. Das Stammesgesetz, dessen Emblem J. R. ist, bringt die Frauen zu verzweifelten Anstrengungen, der archaischen Falle zu entgehen.

Dallas ist in seiner naiven Grausamkeit jeder gescheiten Kritik, die man gegen ihn vorbringen könnte, überlegen. Der intellektuelle Snobismus kommt da auf seine Kosten.

Ich habe im Traum das Gesicht der Knechtschaft gesehen. Eine Frau mit schweren, blauen, lautlosen Augen. Die Halbmonde ihrer Brüste asymmetrisch. Immer mit einem Lächeln für die Ärmsten auf den Lippen schlängelt sie sich anmutig der Unendlichkeit entgegen.

Die Langeweile ist wie ein unbarmherziger Zoom auf die Epidermis der Zeit, jede Sekunde dehnt sich und weitet sich wie die Poren eines Gesichts.

Der Prunk der heutigen Züge und Flugzeuge zeigt sich darin, daß man angesprochen wird. Man wird informiert über den Verlauf der Reise, man wird aufmerksam gemacht auf den eigenen Körper (wir wünschen gute Verdauung, entspannen Sie sich), kulturell stimuliert (mit Musik und Filmen) und im unterbewußten Frage/Antwort-Schema gehalten (taktile Sprache des Sprechgeräts, off Stimme der Hostess). Bei 300 oder 1000 Stundenkilometer im Himmel tritt man nicht aus der Semiosphäre aus. Das ist der Aufwand der Geschäftsklasse. Der Rest wird wie Tiere transportiert.

Der mystische Traum jedes Eisbergs: so weit möglich in den Süden abzusteigen, vielleicht bis zum eigenen Verschwinden in den Äquatorgewässern. Armer Eisberg, der du, belastet mit der Verzweiflung der Pole, so weit weg vom Äquator und so weit von den anderen entfernt bist! Keinem ist bisher dieser verrückte Versuch gelungen.

Wie der Wind des Tagesausklangs vorüberziehen
Wie ein von allen Seiten erleuchtetes Idol enden
Diesem diffusen Licht entgegenlächeln, das die Objekte der Verneinung umhüllt
Den Punkt der Nimmerwiederkehr grüßen
Zarathustra. Ethik des Untergangs.

Der Skandal des Weltendes wird nicht stattfinden, da die Existenz schon jetzt für nicht rechtfertigbar befunden worden ist. Man muß diese Welt als endgültig betrachten, das Urteil als immanent, die Ungerechtigkeit als unabwendbar. Das hat mit der natürlichen Neigung der Dinge nichts zu tun, sehr wohl jedoch mit der tierischen Ethik, die in den labyrinthischen Eingeweiden des Menschenwesens schlummert, und die will, daß das Gerechte vom Ungerechten, das Gute vom Bösen getrennt wird, damit endlich die wahrste, die dümmste und sentimentalste Ordnung siegt.

Es gibt also keinen Grund zu warten. Daß überall die dümmsten Dinge triumphieren ist unser Jüngstes Gericht.

Wenn man einen Hexenschuß hat, muß man sich wie ein Reptil bewegen. Die Bewegung soll abgeschlossen sein, bevor der Muskel zum Leiden Zeit gehabt hat. Dasselbe gilt für die Ideen und die Sprache. Man muß am Ende des Satzes angekommen sein, bevor die Sprache zum Leiden Zeit gehabt hat.

Der Omegapunkt eines Systems liegt in den reinen Kreisen der Energien, die damit zur Gleichgültigkeit und zum Tod verurteilt sind. In einem solchen System wird der Tausch wegen der immanenten Äquivalenz unmöglich – jedes Partikel erharrt das einzig mögliche Ereignis: die Begegnung mit dem Antikörper, von dem es annulliert wird. So nähert sich das ganze System dem Alphapunkt eines anderen Dispositivs. Über einen gewissen Punkt hinaus strebt das ganze System auf diesen fatalen Punkt zu.

Radikale Objektivität ist das genaue Gegenteil der wissenschaftlichen. Die eine geht auf Rationalität der Einzelprozesse, die andere auf die Ironie des Weltprozesses.

Die Frauen machen eine Geheimgesellschaft aus, sie halten alle zusammen geheime Zusammenkünfte ab. Alle, die ich kennengelernt habe und von denen keine die andere außer vielleicht zufällig kannte, weben unter sich ein verschwörerisches Netz der Verführung, sie geben einander Zeichen wie die Ereignisse eines Lebens auf ihrer anscheinend gleichgültigen Spirale. Im übrigen schließt jede von ihnen, in uneingestandenem Antrieb, alle zukünftigen und vergangenen Rivalinnen auf dem Feld der Eifersucht, Faszination und Verschworenheit mitein – und ist ihrerseits alle anderen zusammen; jene, die du im Leben von dir ferngehalten hast, sind zuletzt in einer wahren Geheimgesellschaft vereint – in der erträumten Frauengesellschaft.

Umkehrbarkeit wie die von Tag und Nacht und aller Begriffe im Äquatorherzen des Systems: diese paradoxe, lächerliche, nicht zu rechtfertigende und aus diesem Grund uneinnehmbare Position ist das bittere Vorrecht der geisterhaften Rhetorik.

Die Freiheit wird bald in allen ihren Weisen gänzlich gewichen sein. Das Leben wird dann von einem völligen Gehorsam gegenüber strengen Dispositionen, die man nicht mehr überschreiten kann, abhängen. Ein Flugzeugpassagier ist nicht frei. Die Passagiere des zukünftigen Lebens sind es noch weniger: sie durchqueren seine Dauer, an ihre Sessel gefesselt.

Die Theorie muß sich nicht nur von ihren Quellen, sondern auch von jedem Kommentar lösen: Es ist nicht normal, eine Autopsie des Kindes vorzunehmen, das man zur Welt bringt.

Wird die Welt, einmal dem Alptraum der von der Wissenschaft ausgeübten Objektivität unterzogen, die ihr eine unparteiische Verehrung zollt, nicht selbst Wirkung ohne Ursache? Und damit ohne Folgen. Es hat also gar keinen Sinn, nach ihrem Scheitern zu fragen.

All diese armen Alten, all diese Meerschweinchen des Pensionsalters, die hofften, von Sex und Arbeit endlich erlöst, sich in einer Art Gleichgültigkeit gegenüber dem Leben und in vorweggenommenem Genuß des Todes, was sicherlich die beste Art zu altern ist, ausruhen zu können – es ist nicht gesagt, daß man ihnen am Ende des Weges einen Strand lassen wird, nein, man muß sie bis zum Ende verfolgen, sie recyclen, sie libidinisieren (begehrt! genießt! es ist nie zu spät) und kulturisieren (Theater, Kino, freie Diskussionen, Yoga, Musik des 16. Jahrhunderts) – ihnen wird nichts erspart, damit sie auch sicher als Idioten sterben.

Fortschreitendes Nachlassen der Aktivität, schlecht Sehender, schlecht Hörende, verbal Behinderte, usw.: Euphemismen. Die Wörter selbst sind von einer beschämenden Krankheit befallen. Eine Katze ist keine Katze mehr: sie ist ein assoziiertes Raubtier. Die Sprache hat keine Verteidigung.

Im aztekischen Denken gibt es diese Vision, daß die Sonne nur wegen einer symbolischen Verpflichtung scheint, für die die Menschen einen Preis zahlen müssen: Universum der Grausamkeit. Wir dagegen glauben, daß die *Funktion* der Sonne darin liegt, allen kraft der Menschenrechte und Chancengleichheit zu scheinen: eine traurige Herausforderung, auf die sich die Sonne nicht einläßt. Der Sonnenschein hat in letzter Zeit schwer nachgelassen.

Die Sprache kann sich nicht mehr an der philosophischen Theatralik ihres Gegenstands erbauen. Sie muß selbst ein Attentat aus Faszination begehen.

Anstatt, daß ich mir für bestimmte Stunden Verabredungen notiere, schreibe ich die Uhrzeit neben die Uhrzeit. Neben Samstag Abend schreibe ich Samstag Abend – da es mir nicht möglich ist, diese Begegnung auf irgendeinen Zeitpunkt zu legen. Ungefähr wie das Zeichen, das Zeichen aussendet und einem befiehlt, nicht hinzusehen. «Ignore this sign».

Die Unbeweglichkeit der Hummel beim Fliegen. Ihre Energie rührt daher, daß sie kein Geräusch macht. Die Blumen sind von ihrer stillen Schwängerung gerührt.

Kleine schweigende Gemeinheiten
kleine delikthafte Anomalien
kleine Bindegewebsdelikte
kleine markige Transgressionen
Die Medusen der Ausnahme
sind die medusierte Lösung
durch die Liste der gebrochenen Linien.

Beaubourg: heiliger Unrat der gestapelten Werte (die fünfte Etage) – entsakraklisierter Unrat des freien Ausdrucks (die Piazza). Dazu kommt heute der Unrat des Abfalls wegen des Putzfrauenstreiks. Ein logischer Streik, da er fordert, daß die Müllverwertung Teil der Kultur werde (es gibt im Beaubourg gegenwärtig eine Abfallausstellung) und daß das Personal in die Einrichtung direkt integriert werde. Diese scheint jedoch trotz ihrer Beweglichkeit, Polyvalenz und Absorptionsfähigkeit von bunt Zusammengewürfeltem nicht fähig, diese Lage zu meistern. Sie wird folglich am Abfall krepieren und damit der postmodernen Zivilisation als Modell dienen. Beaubourg verschreibt sich der Faszination der toten Zentren, der Pestilenz und der Plünderung. Es ist von vornherein ein zerstörtes Objekt, ein Denkmal der dauernden Aufnahme und Ausscheidung, eine involutive, verschlingende, zerbrochene Zone, in der die Parasiten in Wut geraten, in der die Demarkationslinien verschwinden und der inzestuösen Virulenz der sich selbst erlegenden Massen Platz machen. Lassen wir ihm diese fantomhafte Beschaffenheit des dreckigen Objekts, das schnell verfallen wird – das einzige moderne Objekt, das wir hergestellt haben, ohne es zu wollen.

Wozu soll es gut sein, diese Stadtmonster (Beaubourg, La Villette, Défense, Opéra, Bastille usw.) mit der Stadt oder ihrem Viertel zu versöhnen? Sie sind keine Monumente, sie sind Ungeheuer. Sie zeugen nicht von der Integrität einer Stadt, sondern von ihrer Desintegration, nicht von ihrer organischen Seite, sondern von ihrer Desorganisation. Sie rhythmisieren nicht die Stadt und ihre Wechsel, sie sind auf sie wie außerirdische Objekte, wie Raumkapseln als Reste eines obskuren Desasters geschleudert. Weder Mitte noch Rand, legen sie um sich herum eine falsche Zentralität und eine falsche Bewegung an, in Wirklichkeit zeugen sie von der Satellitisierung der städtischen Existenz. Ihre Anziehungskraft dient der Verblüffung des Touristen und ihre Aufgabe liegt wie die der Flughäfen und der allgemeinen Verkehrsknotenpunkte im Ausstoßen, im Herausziehen, in der städtischen Ekstase. Im übrigen suchen alle subkulturellen Randgruppen, die sich dort ansammeln, vor allen Dingen das eine: leere Ekstase, räumliches Packeis, kosmopolitischen Streik, einen parasitären Raum... Man muß sie so nehmen – als Monster, die sie sind, man muß sie Mißgeburten sein lassen.

Verblendung: das ist die einzige elegante Form des Liebens. Welchen Vorwurf kann man jemandem machen, der sich schweigend und in Gänze hingibt, welcher Vorwurf kann jemanden treffen, der dessen Objekt wird? Blindes Schicksal, das ist der Sinn der Träume, in den Ideen, in der Liebe.

Diese ganze weiche und reiche Welt erwacht jeden Morgen im Glanz ihrer Gärten und des nahen Meeres. Die schönen angebundenen Pferde weiden zwischen den Tulpenfeldern und die schweren Mädchen mit den hellen Augen radeln wütend durch die Amsterdamer Straßen. Trotz der eindeutigen Zeichen für Lebenskunst, einschließlich der alternativen Sozial- und Sexsitten, hat die Geschichte hier keine Spuren echter Kultur hinterlassen, keine der Verzauberung, der Unterscheidung, der Überfülle und stilisierter Gewalt, wie es in Italien geschehen ist.

Sie sehen aus, als trügen sie in ihren Körpern diese langen Doppellaute, die zu ihrem Dialekt, dem Niederdeutschen, gehören, der nicht zur Beweglichkeit und Abgeklärtheit einer wahren Sprache gelangt ist. Diese Bourgeois haben eine fette, provinzielle, solide und gutturale Weltmännischkeit kultiviert. Ein verschleierter, pausbäckiger Himmel über Roosendaal. Wann stand dieses Land bloß im Zentrum der Welt, mit dem Substanzdelirium Spinozas und dem Vermeerschen Licht?

In dieser Stadt, in der jeder jeden traf und jeder jeden kannte, begegnete ich nur mir selbst und meinem Namen auf den Mauern.

Und ich legte meine Finger auf seine Augen wie auf die Sensortasten eines Fernsehkanals. Manches wird nur gestreift – die Augen, gewisse weiche und der Sexualität gegenüber blinde Körperpartien – dort sammelt sich das Blut unter der Haut, der Sinn unter den Wörtern. Ein seltsamer Ausdruck: à fleur de peau.

Wildheit der Frauen gegeneinander. Kaum hat die eine einen Mann «fixiert», da betrachtet sie auch schon die andere mitleidig und läßt sie ihr ganzes Elend fühlen.

Zwischen Subjekt und Objekt gibt es keine größere Dialektik als zwischen Licht und Dunkelheit – das eine ist die Abwesenheit des anderen, das ist alles, und genau das ist das Wunder.

Drei Stunden erzwungenes Dahintreiben im Stadtverkehr, Verstopfung, Panne, Dummheit der Polizei, Verkehrsunfall. Vor Hitze stumpfsinnig geworden angesichts der allgemeinen Ungeduld und der Unmöglichkeit, diesem Netz zu entgehen, ohne in ein anderes hineinzugeraten. All das in der denkwürdigen Anstrengung, seinen Arbeitsplatz, den Ort seiner Entfremdung zu erreichen. Das gab mir zu erkennen, daß der postmoderne, städtische, individuelle Mutand von nun an durch ein noch mächtigeres System von seinem entfremdeten Wesen getrennt ist; in ihm braucht er nicht mehr Objekt, nur mehr blindwütiges Partikel zu werden. Diese Art Partikularität wurde von Hegel nicht vorhergesehen. Dieselbe Erfahrung wenig später bei dem Versuch, diesmal den Ort meiner Freiheit zu erreichen – das Landhaus. Die Autobahn ist verstopft, die Landstraße auch, das Auto hat genug von diesen Peripetien, ich auch. Offensichtlich ist es genauso verrückt, einen Urlaubsort erreichen zu wollen wie die Arbeitsstätte. Es ist absolut sinnlos, welchen Ort auch immer erreichen zu wollen. Ich träume davon, in der Wüste herumzufahren, mit 100 Kilometern Raum um mich her: darin liegt die einzige Freiheit.

In bestimmten Ländern hängte man die Leute an toten Bäumen auf. Und zwar deswegen, weil der Tote den Toten regenerieren muß.

Ungefähr so stirbt der Sozialismus, erhängt an seinem eigenen Strick. Die tote und nekrophage Geschichte fordert Opfer, um ihr Ende zu sichern; dem Sozialismus kommt diese Rolle zu, ihm, der wie ein toter Baum in unserer Geschichte verwurzelt ist. Es gibt eine Verbindung zwischen der Sterilität der Medienereignisse unserer Zeit und dem Sozialismus als «strange fruit», der im hyperrealen Wind des Endes der Geschichte schaukelt – und dabei unschuldig an jedem spezifischen Verbrechen ist.

Diese Hitze, die nach dem Herausnehmen der Eingeweide und dem Tiefgefrieren der Körper noch immer im Bauch ist, kann nur von der Eifersucht des Lebenden auf den Toten kommen. Wir sind auf das Objekt eifersüchtig, weil wir erbärmlichen Subjekte auf alles eifersüchtig sind, was zu Lebzeiten seine Vollkommenheit erreicht, etwas, was uns nicht möglich ist. Unsere Eifersucht auf die Frau, diese mehr als sexuelle, leidenschaftliche Hitze, spiegelt das Begehren dessen, was ihr entrissen worden ist und sich woanders, im anderen Geschlecht reinkarniert hat – ist das nicht teuflisch – und das einen quält als Hypostase des besseren Selbst.

Wohltuende Zeichen: nach der Angst vor dem Sieg, die den Sportler je nach Anstrengung scheitern läßt, nach der Angst vor der Macht und ihrer Ausübung, wofür sogar die Politikerschicht vielfach Zeichen aussendet und wodurch sie in die Einsamkeit des Langstreckenläufers zurückfällt, haben wir jetzt die Ohnmacht des Wissens erreicht. Am Ziel angekommen, zittert dieses Plattfußidol jetzt auch vor seinem Schatten.

Das soziale Verhalten der schwerelosen Ameisen studieren: das ist eines der Ziele des Satelliten X. Weniger absurd, als man denkt – nicht wegen des Ergebnisses, sondern wegen der ihm verliehenen Bedeutung: sind wir nicht selbst im Zustand der Schwerelosigkeit? Befindet sich unsere Sozialität nicht bereits im Zustand der Schwerelosigkeit? Da wir diese Evolutionsphase der Gattung nicht beherrschen, bleibt uns nur die Möglichkeit, sie in der Form spatialer Untersuchung auszutreiben. Eine Lösung für all unsere Probleme scheint in ihrer Verlagerung in die Erdumlaufbahn zu liegen.

Die Hunde und die Rosen.

All diese Vorstadtvillen, mit Rosen garniert und mit Hunden gespickt. Ein Hund hinter jedem Rosenstrauch. Für die Leute und ihr höllisches Imaginäres ist der Hund ebenso zierdevoll wie die Rosen. In Wirklichkeit sind die Rosen genauso bissig wie die Hunde oder ein stromgeladener Zaun. Es gibt zu viele davon, sie sind zu rot, sie schließen ihre fleischfressenden Blätter über einem verdammten Raum. Sanftheit der Stadtrandwohngebiete, Sanftheit der grünen Sarkophage, in denen Fernsehantennen leuchten. Sanftheit der Aphanisis in den Todeshütten, in einer Wiege voller Lilien und Stockrosen. Als einziges Zeichen der Beiß- und Schlagwut, als einziges Zeichen verglaster und schreiender Leidenschaften unter dem Plastikfilm: der Hund der Apokalypse, der am Horizont der Blumenbeete bellt.

Wind und Hitze sind sterile Eindrücke – sie befördern den Geist mit Hilfe ihrer flüssigen Beweglichkeit und ihrer komplizenhaften Heftigkeit.

Am Schönsten ist es erst, wenn sie sich bekämpfen. Ganz oben am Himmel bilden sich Wolken und lösen sich geschwind, wie in einem Spiel bei Tieren, wieder auf. Oft kommt der Wind doppelt, eine flüchtige Brise weht durch die Weinstöcke von Süden nach Norden und oben bläst ein stratosphärischer Wind die Wolken von Norden nach Süden. Der Himmel verändert sich unaufhörlich.

Das Verschwinden des Lichts wird täglich rätselhafter, dieses Gleiten hinüber in andere Himmel. Mit dem aufgehenden Mond erhebt sich ein anderer Wind und spielt alle Ereignisse umgekehrt noch einmal durch.

Der Lauf der Zeit folgt, wie ein Fluß, den Spalten im Gestein, angefangen bei dem blauen im Osten, entlang der Linie der Berge, bis hin zu dem des Meeres, wo die Hitze verdampft. Der Raum ist der Leidenschaft des Windes ausgeliefert. Alles hängt von einer Luft- und Mineralleidenschaft ab.

Jedes Jahr hierherzukommen ist eine absolute Entschädigung.

Er erhellt die Landschaft mit extremem, infrasensiblem Licht und bringt ein einzelnes hyperreales Relief hervor – eine kohärente Lektüre, wie die des Laserstrahls.

Das Lokal ist überfüllt. Nichts ist schlimmer, als sich in eine Nische, auf ein Territorium, in das strahlende Mischmasch des Von-Angesicht-zu-Angesicht abdrängen zu lassen. Eine Kultur, die das Risiko des Universalen auf sich genommen hat, geht am Universalen zugrunde.

Das Exil bietet immer eine schöne, pathetische oder dramatische Entfernung, ist günstig für Urteile und für eine waisenkindhafte Heiterkeit gegenüber der eigenen Welt. Die Deterritorialisierung ist ein erschrockener Entzug, sie gleicht einer Lobotomie, ist Teil der Angst, Unbeständigkeit und Unterbrechung der Kreisläufe.

Man braucht endlos Zeit, um mit Denken anzufangen, eine endlose Energie, um die kleinste Entscheidung zu fällen. Die Dichte der Welt nimmt zu. Die Vielfalt der nutzlosen Unternehmungen ist bestürzend. Man muß zu viel hineintun, um eine ungewisse Balance zu halten. Man kann nicht mehr verschwinden. Man stirbt in totaler Unentschlossenheit.

Raserei der Gleichgültigkeit in diesen Zeiten des speed. Wie man die Teilchenbeschleunigung in gefrorener Flüssigkeit bannt, muß man die künstliche Euphorie mit der Bremse der Melancholie ablenken.

Wissenschaft und Technik hätten die Verlängerung der menschlichen Fähigkeiten werden können, wie Mac Luhan es wollte. Stattdessen haben sie sie verschlungen. Sie sind sarkastisch geworden, wie das Lachen desselben Namens, das das Fleisch frißt, oder wie die Tiere am Ufer des Styx, die die Substanz der geistigen Fähigkeiten vernichten.

Der Behinderte ist, aufgrund der gegebenen Lage, ein Experte in Sachen Kraft, ein Mutant im sensoriellen und motorischen Bereich. Nicht zufällig wendet sich das Soziale mehr und mehr ihm zu: blinde und schwachsinnige Motoren geben Experimentierfelder und fesselnde Automaten ab, die man mit Gehirnen versehen und gleichzeitig der Form halber sozialisieren sollte. Sie können wunderbare Instrumente werden, eben weil sie unbeweglich und damit für Automatisierung und Fernsteuerung wie geschaffen sind. Der normale Mensch wird nie ein so guter Automat wie der Invalide oder Schwachsinnige sein. Das ist nichts Neues. Die Eunuchen haben die schönsten Stimmen der Renaissance abgegeben.

Im Sommer hört man Hunde heulen, man sieht Schlaflose mitten in der Nacht ihre grünen Pflanzen pflegen, man liest in dunklen und brennenden Augen diese angstvolle Euphorie der unerbittlichen Sonne und der Extravertiertheit der Hitze, die die längeren Tage ausmacht und die zu einer reinen und objektlosen physischen Lust auffordert und für viele einer Selbstmordlage gleicht. In der Stadt sehen alle wie Seiltänzer aus. Sie wissen, daß sie in der Abwesenheit der anderen für das Interim der Sozialität sorgen, ungefähr wie man die Geranien der Nachbarn in deren Abwesenheit gießt – aber alle übernehmen währenddem eine historische und theatralische Rolle: die einen verlassen die Stadt in Richtung irgendeines Lustexodus, die anderen passen auf die Kulissen auf. In Wirklichkeit geschieht ein Katastrophenspiel. Die Stadt spielt ihren Exodus, sie leert sich, ohne bombardiert worden zu sein, sie liefert sich ihren Sklaven (den Immigranten) in flüchtigen Saturnalien aus.

Mehrere nackte und jungfräuliche Mädchen tummeln sich in einer Badewanne. Ich frage sie, was sie spielen. Sie antworten, daß sie das Spiel der sozialen Elephanten spielen.

Hitzegrade, Benzinpreis, Dollarkurs: das goldene Dreieck unseres Sommers. Unkontrollierbare Gegebenheiten, die wir nur noch endlos weitersteigen sehen wollen. Manchmal gehen die Zahlen in prophetischer Verwirrung durcheinander, wie im Sommer 1980, als sich in der amerikanischen Wüste der Preis einer Gallone, 1.18, 1.20, 1.25, wie eine genaue Spiegelung der Temperaturkurven, 100, 110, 120 Grad Fahrenheit, von einem Ort zum anderen ändert. Immer die Vertrauensfrage angetippt dahinter: wie hoch wird der Benzinpreis steigen dürfen? Bis wohin, glauben Sie, wird der Dollar noch steigen (wohlverstanden: bevor es zum weltweiten Finanzkrach kommt)? Welchen Rekord wird die Hitze aufstellen können (wohlverstanden: bevor es zur Verflüchtigung der Energien und zum Beginn einer weltweiten Schlaflosigkeit kommt)? Unser künstliches Schicksal schreibt sich auf diesen asymptotischen Kurven ein.

Das soziale Jahr hört mit dem Sommer auf. Acht Monate im Jahr herrschen Kälte, das Soziale, die Demokratie und politische Gebote. Mit Anbruch des Sommers macht sich eine andere Stimmung breit: Hitze, Terrorismus, Unfälle, Olympiarekorde, krepierte Hunde, Folklorekultur, Schweigen der Intellektuellen. Jedes Jahr dasselbe. Selbst der Schulanfang ist nicht mehr, was er einmal war. Keine großen sozialen Fluten mehr zum Zeitpunkt der Tag- und Nachtgleiche. Nur eine Pendelbewegung einer Sonnenwende zur anderen.

Die Immoralität dieser Familien, deren Kinder auf den Autostraßen verbrannten: von Sozialhilfegeld überhäuft, vorausgaben sie sich in Konsumgütern, die von bedächtigeren Leuten für schmutzig angesehen werden; diese mußten freilich nie eines ihrer Kinder sterben sehen, um sich ein Auto leisten zu können; sie mußen sie nie in billige Ferien schicken, in denen wie zufällig Busse immer tödliche Unfälle verursachen.

Die Immoralität jener, die ihre Kinder als Gattung verschlingen, entspricht höchstens der sozialen Einrichtung, die für ihren Tod aufkommt. Alles an diesem circulus vitiosus ist widerlich: der Zufall, der die ärmsten Kinder sterben läßt, die soziale Wohlfahrt, die aus diesem Tod eine Einnahmequelle macht, die Eltern, die davon profitieren, um es vorübergehend besser zu haben, und die gute Gesellschaft, die sie stigmatisiert – denn die üble Nachrede verurteilt sie nicht wegen der Indiskretion ihres Verhaltens, sie verurteilt sie, weil sie keinen rationalen Gebrauch von diesem Geld machen, weil sie es nicht auf die Bank bringen, sondern es skrupellos ausgeben und damit die göttliche Gerechtigkeit herausfordern, die sie getroffen hat.

Das ganze Soziale fließt in diese logische Ekelhaftigkeit. Die Armen sterben und haben es verdient. Diese mittelmäßige Wahrheit, diese mittelmäßige Schicksalshaftigkeit nennt man das Soziale.

Das bedeutet, daß es nur für die vorhanden ist, die seine Opfer werden. Erbärmlich, wie es ist, berührt es nur die Erbärmlichen. Ein in sich selbst entmündigter Begriff, der nur das Elend festschreibt. Nietzsche hat recht: das Soziale ist ein Begriff, ein von den Sklaven für ihre eigenen Dienste produzierter Wert, unter dem verächtlichen Blick der Herren, die nie daran geglaubt haben.

Das läßt sich bestens an allen «sozial» genannten Reformen ablesen, die unweigerlich zur Armut der Nutznießer führen. Sie treffen die, die sie retten sollten. Das ist kein perverser Effekt. Die Natur stimmt freiwillig zu, Katastrophen bevorzugen die Armen. Hat man jemals gesehen, daß eine Katastrophe direkt die Reichen traf, ausgenommen vielleicht beim Untergang von Pompeji oder dem Schiffbruch der Titanic?

Männliche Erotik in der Werbung ist immer lächerlich. Diejenigen, die sie als Gegenstück zur «erotischen Prostitution» des weiblichen Körpers auf der öffentlichen Bühne fordern, verstehen nichts vom geistigen Spiel der Bilder. Die erotische Halluzination des Weiblichen (sogar der Frauen) gelingt wegen der Durchsichtigkeit ihrer Ärsche, wegen ihrer idolatrischen Perfektion. Nur das Weibliche eignet sich für diese Halluzination. Das Männliche ist nie transparent, es läßt sich nicht halluzinieren. Wenn es in seiner Schwere und Geziertheit die Bühne betritt, ist es vorbei mit der Magie des Objekts. Das Männliche funktioniert auf der Illusionsbühne schlecht. Alles, was sich als Subjekt versteht, wird im Spiel des Scheins immer lächerlich.

Es bleibt ihm nur übrig zu verschwinden.

Wenn man einmal die Überlegenheit der menschlichen Gattung in Betracht zieht, die Größe ihres Gehirns, die Kraft zu Reflexion, Sprache und Organisation, läßt sich folgendes sagen: wenn es die geringste Chance gäbe, daß eine andere Gattung auf der Erde oder anderswo, als Rivale oder Überlegener auftaucht, würde der Mensch sie mit allen Mitteln vernichten. Der Mensch kann keine andere Art neben sich dulden, selbst wenn sie übermenschlich ist – er versteht sich als Apologie und Ende des Menschenabenteuers und kontrolliert unbarmherzig jeden neuen Einbruch in den kosmologischen Verlauf. Es liegt aber kein Grund vor, warum dieser mit der Menschengattung beendet sein sollte, eher richtet sich diese durch Universalisierung seit einigen Jahrtausenden darauf ein, dem Ereignis Welt ein Ende zu setzen, und hat sich bei Erwägung aller möglichen späteren Evolutionsschritte das Monopol auf die natürlichen und künstlichen Arten zuerkannt.

Diese wilde Entschlossenheit hat nichts von der wilder und feindlicher Tierarten, die in Zyklen und in immer umkehrbaren Hierarchien ihren Platz finden – ihr Aufkommen, nicht ihr Verschwinden, beendet den Prozeß. Nur der Mensch erfindet eine belanglose Hierarchie, als deren Schlüssel er sich begreift: eine Wildheit zweiten Grads, eine unheilvolle Anmaßung.

Diese Wildheit des Menschen als Gattung spiegelt sich wieder im Denken des Humanismus – seine Anmaßung universeller Transzendenz und seine Intoleranz gegenüber anderen Denkformen gibt das Modell eines höheren Rassismus ab.

Während das reale Leben kaum mehr Leidenschaften kennt, setzt der Traum sie weiterhin aufs Lebhafteste ins Werk. Stellen sie frische, unzeitliche Energiereserven dar, die den Lebensphasen hinterherrennen (und vielleicht sogar den Höhepunkt des Todes überschreiten) oder ist diese Frische nicht nur die Halluzination eines ermüdeten Wunsches? Anders gesagt: haben wir zwei Lebenslinien, eine uralte, nicht biologische Jugend, wie wir sie in Träumen verspüren, und eine andere organische Lebens- und Todeslinie der Dauer und der Erinnerung, mit der wir unsere bleiche und tödliche

Existenz identifizieren? Gibt es zwei Grundströmungen ohne Beziehung zueinander? Oder ist die eine nur die Projektion der anderen, ohne halluzinatorischen Diskurs, wie es im Grunde die Psychoanalyse verlangt?

Ich bin für die erste Hypothese: wir haben zwei vollkommen originelle und voneinander unabhängige Existenzen (damit ist keine psychologische Verdoppelung gemeint). Jede Interpretation der einen durch die andere ist unmöglich – deswegen ist die Psychoanalyse umsonst.

Es gibt sehr wohl ein Spiel zwischen Körper und Geist. Je schwächer sich dieses erweist, um so deutlicher tritt das organische Leiden oder die Uneingespieltheit der Maschine hervor, um so freier und abenteuerlicher wird das Denken. Es hat auch Teil an dieser zeitlosen Jugendlichkeit, die mit der Blüte des Lebens nichts zu tun hat. Das Denken lebt nicht von Gesundheit oder Vitalität, sondern von Luzidität und Stolz, und die Ohnmacht des Körpers fördert diese Luzidität und diesen Stolz.

Nichts ist schlimmer als diese Verpflichtung zu Forschung, zu Referenz und Dokumentation, die in den Bereich des Denkens eingegangen und zur mentalen und verbissenen Gegenwart der Hygiene geworden ist. Im «intellektuellen Bereich» muß man, wie man so schön sagt, alles auf den Begriff bringen. Es stimmt, daß wir keine Kultur aus Muße mehr haben, wie damals, als Denken und Schreiben noch etwas Gewaltsames und Vergnügliches hatten. Unsere Freizeit ist nurmehr das Geburtsscharnier unseres Todes.

Die eigene Angst in der Freizeit und am Meer. Zu viele künstlich versammelte Naturschönheiten. Zu viele Villen, zu viele Blumen. Villenklatura, Nomenklatura: derselbe Kampf. Dasselbe künstliche Privileg, ob es nun das der politischen Bürokratie oder das des aufwendigen Lebensstils ist. Eine von der Freizeit verdorbene Natur, gereinigt von jeglichem Rohem, ekelerregend in ihrer Leichtigkeit – eines Tages werden dieses Traumklimata und diese Luxushundetage vielleicht endgültig in einem Waldbrand aufgehen.

Das Buch muß sich nach dem Vorbild der Entmultiplikation der Augenblicke des Schocks zerlegen. Es muß sich aufsplittern wie die Splitter des Hologrammbildes. Es muß sich wie eine Schlange auf den Hügeln des Himmels auf sich selbst zurückbiegen. Es muß alle Stilfiguren umkehren. Es muß sich in der Lektüre auslöschen. Es muß im Schlaf lachen. Es muß sich im Grab umdrehen.

Wenn es eine Gattung gibt, die mehr gequält wird als Kinder, dann die ihrer Spielzeuge, die sie mit unerhörter Unbefangenheit behandeln (wann wird es endlich einen Schutzverband für geschlagene Dinge, für Märtyrerobjekte, geben?). Die Spielzeuge bilden so den Schlußpunkt einer langen Kette, in der von einer Gattung zur nächsten, von den grausamen Gottheiten zu ihren sterbenden Opfern, von den Herren zu den Sklaven, von den Erwachsenen zu den Kindern und von diesen zu ihren Spielzeugen immer alle Bedingungen despotischer Willkür, die die Wesen untereinander verknüpfen, wiederaufgelegt werden. Sie bilden sogar die einzig starke symbolische Verknüpfung, eine, durch die eine Gattung, die Opfer der Willkür einer höheren Macht geworden ist, sie an eine unterlegene Gattung weitergibt, wobei das Ganze mit einem ohnmächtigen Simulakrum wie den Spielzeugen endet und doch von einem allmächtigen Simulakrum wie den maskierten Göttern, die die Menschen erfinden, um diese erbärmliche Verkettung zu rechtfertigen, ausgegangen ist.

Geisteskraft (wie sollte man sie sonst nennen?) besteht darin, diesen von jenem Nerv, diese von jener Faser, jede unendlich feine Äußerung des Körpers zu unterscheiden, um sie je nach Wunsch zum Einsatz zu bringen oder nicht (plötzliches Denken bringt einen unbekannten Muskel zum Leiden oder einen bestimmten Gesichtszug und keinen anderen zum Lächeln). Der Geist kann sich an diesem Bruch des anatomisch irreparablen Körpers wie an diesem oder jenem Partikel der linguistisch irreparablen Sprache oder an einem Bruch der chronologisch irreparablen Zeit betätigen.

Wir machen zuguterletzt alles mittels geistiger Hygiene. Wir reflektieren durch geistige Hygiene, um intellektuell in Form zu bleiben. Wir kopulieren durch geistige Hygiene, um sexuell in Form zu bleiben. Wir sozialisieren uns durch geistige Hygiene, um operational in Form zu bleiben. All unsere Tätigkeiten reihen sich auf dieser hygienischen Finalität aneinander. Der moderne Mensch, veraltet wie Kriegsmaterial, muß dennoch weiterfunktionieren. Wozu? Für nichts. Für geistige Gesundheit. Ist das Produktionssystem kein weites Dispositiv, das man zur Gesunderhaltung der Arbeiter weiter in Betrieb hält?

Schön wie das sinnliche Panorama der Diskriminierung
schön wie die sinnliche Illusion der Körperöffnungen
schön wie die ästhetische Arbeitsteilung der Haushalte
schön wie die aufeinanderfolgenden Phasen des Tageslichts

Die Nähe der Körper im Dunklen, die taktile Promiskuität der Gegenstände, die Verwirrung der Wünsche im Traum – das sind die Grundqualitäten, und es sind die der Nacht.

Den ungleichen Widerstand der Haut des Hinterns beider Geschlechter in ihrer arteriellen Spannung studieren – das wäre ein schöner Forschungsgegenstand in einer öden und funktionalen Zukunft.

Drei Hypothesen über die Wahrheit der Dinge:

– Daß die Dinge sind, wie sie sind, heißt, daß sie wahr sind (das ist der empirische Zustand).

– Daß sie sind, wie sie sind, hindert sie nicht daran, wahr zu sein (aber man weiß nicht wirklich, warum: verwirrender und paradoxer Zustand).

– Daß sie nicht sein können, wie sie sind, hindert sie daran, wahr zu sein. Die Notwendigkeit, so zu sein, nimmt ihnen den Glanz der Wahrheit (das ist der negative und subtile Zustand).

«Siegel des Geheimnisses» ist eine schöne Metapher. In der Tat ist geheimnisvoll, was versiegelt ist, was unter dem Siegel des Scheins und nicht unter dem Siegel der Kommunikation zirkuliert (und sei es unter dem umgekehrten Zeichen des Nichtgesagten und des Schweigens).

Geheimnisvoll ist, was nicht gesagt werden muß und was folglich von selbst evident ist und im hellen Licht ohne andere Formen des Diskurses erstrahlt.

Eine Art zu sterben bestünde darin, den Tod zu veranlassen, den Stand der Dinge so zu verändern, daß kein Grund mehr vorläge, ihm anzugehören. Der Tod übernähme die Rolle des prophetischen Verschwindens. So war der Tod von Barthes und Lacan. Die Welt hat seitdem einen anderen Verlauf genommen, in dem diese subtilen Figuren keinen Sinn mehr hätten. Die Sartresche Figur hingegen läßt den Tod unverändert und scheint ein unvermeidliches, aber unbedeutendes Ereignis darzustellen. Schon vor seinem Tod wird er in einer Welt gelebt haben, die nicht mehr die seine war.

Was die Existenz betrifft, so muß man sie, wie Ajar sagen würde, auf sich nehmen. Von niemandem wird erwartet, daß er die Verantwortung für sein eigenes Leben übernimmt. Diese christliche und moderne Idee ist eine hohle und arrogante Behauptung. Darüber hinaus eine Utopie ohne Grundlage. Das Individuum müßte sich in eine Vestalin oder einen Sklaven seiner Identität verwandeln und seine eigenen wie die Wege der ganzen Welt, die sich in seinen Genen, in seinen Nerven, in seinen Gedanken kreuzen, kontrollieren können. Eine unerhörte Knechtschaft. Wer würde um diesen Preis sein Heil machen wollen?

Es ist viel menschlicher, sein Los, seinen Wunsch, seinen Willen in anderer Leute Hände zu legen: Zirkulation der Verantwortung, Deklinierung des Willens, ewiger Transfer der Formen. Neben diesem subtilen, von vielen Kulturen bestätigten Weg bleibt nur der totalitäre Weg kollektiver Übernahme.

Die alte freiwillige Knechtschaft war die von freien Menschen, die diese Freiheit paradoxerweise dazu benutzen, um sich zu Dienern zu machen; die neue freiwillige Knechtschaft ist die von Menschen, die der Aufforderung freier Wesen gehorchen.

Auf Reisen sucht man weder Entdeckung noch Veränderung, aber eine sanfte Deterritorialisierung, eine Verantwortungsübernahme seitens der Reise selbst und damit die absence. In den metallischen Vektoren, die die Meridiane, die Ozeane, die Pole überfliegen, nimmt die Abwesenheit fleischliche Gestalt an. Auf das Geheimnis des Wühlens im Privatleben folgt das Verlöschen auf Längen- und Breitengraden. Der Körper wird gegen Ende müde, weil er nicht weiß, wo er ist, der Geist freut sich über diese Abwesenheit wie über eine ihm eigene lebhafte und feine Eigenschaft. Der Körper ist aus zu vielen Bluts- und Fleischbanden gewebt, er widersetzt sich der Entfigurierung des gewohnten Raums in der Anamorphose der Reise.

Alles in allem suchen wir bei anderen vielleicht dieselbe sanfte Deterritorialisierung, wie sie die Reise bringt. An die Stelle des Wunsches und der Entdeckung tritt die Versuchung des Exils im Begehren des anderen und seiner Durchquerung. Blicke und verliebte Gesten haben oft schon die Weite des Exils, die Sprache expatriiert sich in den Wörtern, die Angst haben etwas zu bedeuten, die Körper sind wie weiche Hologramme zum Sehen und Anfassen, ohne Widerstand und daher geeignet, vom Wunsch in alle Richtungen wie ein Luftraum durchkreuzt zu werden. Umsichtig verlagern wir uns in unseren Affekten, von einem zum anderen, auf dem geistigen Planeten unserer Gehirnwindungen. Von unseren Exzessen und Leidenschaften bringen wir die gleichen transparenten Erinnerungen mit wie von unseren Reisen.

Je verstärkter die Technologie der Simulation des Lebendigen voranschreitet, desto mehr wird sie von der Frage nach der Seele auf perverse Art, als Akzidens, heimgesucht. Alles wird zur reinen und unausgesetzten Akzidensproduktion. Ab da lebt man im Unfall

(Akzidens) und nicht mehr in der Substanz, die Perversion wird normal und konstitutiv.

Sie bedauerte, daß die Männer eine Frau immer sofort haben wollten, ohne warten zu können... Eines Tages zeigt sie es mir auf ihre Art. Sie nimmt nicht den Aufzug, sondern die Treppe, zieht sich aber im Laufe der Stockwerke aus – den Pullover, den Rock, die Schuhe, die Uhr, schließlich den Slip vor der Türe, an der sie klingelt. Als ich aufmache, steht sie da, nackt, wie im Traum, mit ihrem Regenmantel auf dem Arm. Das schönste Geschenk, das sie mir machen konnte (was für ein Kunstwerk, aber auch, welche Schamlosigkeit)!

Was sie nicht sagte, war, daß sie langsam entkleidet werden wollte, mit dem ganzen Aufwand, mit dem man einen ideal anmutenden Körper enthüllt, den man danach nur aus äußerster Höflichkeit, fast aus Rücksicht auf den Geschlechtsunterschied, in einer delikaten Verführung penetriert, von der die Frauen genauso heftig träumen wie die Männer vom Gegenteil.

Von Anbeginn an hatte sich unsere Verbindung wegen dieser Meinungsverschiedenheit kompliziert. Manchmal hatte sie mir ihre Vorstellung von sinnlicher Vorsicht aufgezwungen. Diesmal gab sie sich hin – weit über meine Wunschträume hinaus. Wenigstens tat sie so. Denn indem sie auf das Spiel der Weiblichkeit verzichtete, verletzte wieder sie die Regeln.

Es wird gesagt, daß die anderen Arten eine Sackgasse waren und daß nur der Menschengattung, nur dem Zweig der Humanoiden, der endgültige Durchbruch gelang. Während alle anderen tatsächlich in ihrem spezifischen Wesen stecken blieben, schließlich genetisch verschwanden und damit der Evolution freie Bahn ließen, ist es der Spezies Mensch gelungen, sich im Simulakrum selbst zu übersteigen – genetisch zu verschwinden, um künstlich wiederaufzuerstehen. Indem der Mensch sich in ein Universum der Klone und elektronischen Prothesen verlängert (in dem Sinn, daß er jede virtuelle Gattung, einschließlich der menschlichen, vernichtet), wird er die natürliche Genese der Dinge durch seinen endgültigen Akt ausschließen.

Es bleibt beim Kontakt mit Macht- und Entscheidungsträgern immer eine nicht greifbare Empfindung des Abscheus zurück. Wie gegenüber einem Fäkalobjekt, der Fäkalinkarnation einer unnennbaren Materie, von der man nicht weiß, woraus sie gemacht ist und woher ihr dieser historisch heilige Charakter zukommt. Woher rührt dieses Gefühl des Ekels vor dem Politischen? Ist es das Gefühl, künstlich einem noch dümmeren Willen als dem eigenen unterworfen zu sein, den allein seine Funktion schon plump macht? Wie kann man auch eine Entscheidungsfunktion ohne Vereinfachung der geistigen Mechanismen ausüben?

Das politische Charisma hat eben nichts von dem anmutigen Charisma, das wie das einer Frau von der unwiderstehlichen Macht des reinen Objekts herrührt, es ist ein Wille ohne Anmut, der Ruhm und Stärke aus freiwilliger Knechtschaft bezieht. Das gilt für alle Institutionen, das Militär, den Klerus, die Mediziner, und neuerdings auch für die Psychoanalyse, aber es trifft insbesondere auf das Politische zu, das die auffälligste Halluzination aller Schwächen des Willens bleibt.

Man kann mit allerlei Kniffen die Existenz der Machthaber rechtfertigen; es ist sinnlos, denn die Rechtfertigung läßt sich nicht sühnen.

Man ziehe die Fragilität vor, die des Scheins, im Bruchstückhaften, sie besitzt die Qualität eines mathematischen Objekts.

Es ist aufregend, mit einem Satz und besser, als man es selbst könnte, eine Idee, die einem wichtig erscheint, vorgetragen zu bekommen. Es gibt nicht die intellektuelle Eifersucht, in Geschwindigkeit gefangen zu sein, man kann nur von seinem Schatten überholt werden.

Zwei Körper nebeneinander, die nicht schlafen und die darum wissen: eine seltsame Kommunikation entsteht zwischen ihnen, aus Achtung vor dem simulierten Schlaf, der sich dennoch durch kleine Anzeigen verrät – ein Atmen, das nicht das des wirklichen Schlafes ist, Bewegungen, die nicht die des träumenden Körpers sind. Aber keiner von beiden will diesen Charme zerstören. Eine Verschwörung im Dunklen, eine Verschwörung der Empfindungen voll köstlicher Spannung.

Man hat viel über die unlösbare Antwort auf die Frage diskutiert: Lügst du? Fragen Sie jemanden neben sich, sehr vorsichtig, um ihn nicht aufzuwecken: schläfst du? Wenn er antwortet, daß er schläft, lügt er. Er kann aber auch mit Hilfe des Schlafspiels antworten, was nicht Lügen wäre, sondern Lüge spielen. Das ist ein gewaltiger Unterschied, denn das ist ein Liebesspiel. Die Frage selbst ist ein Liebesspiel, da sie voraussetzt, daß der andere nicht schläft, während sie doch alle Vorsichtsmaßnahmen ergreift, um ihn nicht aufzuwecken. Im übrigen ist das ein und dieselbe Frage: Liebst du? Lügst du? Schläfst du? Und die Antwort: ja, ich liebe – ja, ich lüge – ja, ich schlafe, ist gleich widersinnig. Sie ist nicht verlogen. Sie kommt nur aus einer anderen Welt, die nicht die Wahrheit der ersten ist. «Ja, ich schlafe – ja, ich lüge – ja, ich liebe dich», zeugt von einem wunderbaren Somnambulismus und ist die Summe großer Hellsichtigkeit, was die Beziehungen angeht, die man in der Realität mit Schlaf, Lüge oder Liebe, unterhält.

Oktober 1983

Die langen Blitze einer Ursintflut.

Der für die Vielschichtigkeit des Lebens gezahlte Preis ist zu hoch. Wenn wir die Summe der telefonischen, telepathischen, technischen und beziehungsmäßigen Anstrengungen berücksichtigen, die unsereins zur Meisterung der geringsten Handlung in diesem seltsamen Universum, das soziales Leben heißt, benötigen, beginnt man von der Klarheit der physischen Anstrengung bei den Primitiven zu träumen. Das gilt vor allem für die unnützen geistigen Verwicklungen. Man sollte immer die reine körperliche Anstrengung bevorzugen und die geistige Energie vorzugsweise für die alleinige Lust der Sinne zurückbehalten.

Das Traurige an der künstlichen Intelligenz ist, daß ihr das Kunstmäßige fehlt, also die Intelligenz.

Am frühen Morgen und im Halbschlaf des Erwachens, in dieser ruhigen Straße, die durch ihren Reichtum mitten in Paris einen provinziellen Charme gewinnt, plötzlich ein sich überstürzendes

Geräusch, wie aus der Tiefe des Traums: das spitze Murmeln der Absätze einer Frau, die vom täglichen Hellwerden zu ihrer Arbeitsstelle getrieben wird. Der Lärm nähert sich vom Ende der Straße, schwillt an, wenn sie unter dem Fenster in großer Eile und ohne Erbarmen in ihrer morgendlichen Klarheit vorbeigeht (niemand würde nachts so laufen), und verschwindet dann am anderen Ende. Sie hat endlos viel Zeit gebraucht, um durch diese wahrlich nicht lange Straße zu laufen, da der unbezähmbare metallische Hall die sie umgebende gefilzte und eingeschlafene Welt verurteilte. Ich bin sicher, daß die Frau das wußte, und daß darin sogar der einzige Genuß ihres Tages lag.

Kindliche Enttäuschung: einer Frau, der ich im Traum begegnet bin und die ich heftig geliebt habe, gebe ich meine Adresse – und bemerke hinterher, daß die Anschrift nicht stimmt, und daß sie gar keine Möglichkeit hat, mich wiederzufinden, weder im Traum noch im realen Leben. Warum nur habe ich ihr diese falsche Adresse gegeben? Selbst im Wachzustand schnürt mir das den ganzen Tag über das Herz zu.

Er gibt allen möglichen Menschen das Gefühl, daß er genau das besitzt, was sie suchen. Subtilität für Subtile. Herzlichkeit für Herzliche. Brutalität für die Brutalen. Für die Schurken Gaunerei. Schrecklichkeit für die Schrecklichen. Alles, was man will. Emotionales Plasma, das in beliebigen Systemen Kreisen kann.

Viele Frauen ließen sich das Gesicht verunstalten, das sie für zu vollkommen erachteten, um ihr Gesicht persönlicher zu machen. In dieser von den Frauen schon heimlich beherrschten Welt konnte eine zu große Schönheit nur ein ernsthaftes Handikap sein.

Wenn das Eis schmilzt, kommen alle Exkremente an die Oberfläche. Als die Dialektik schmolz, sah man alle heiligen Exkremente der Dialektik an die Oberfläche treten. Wenn die Zukunft oder sogar die Gegenwart tiefgefroren sein wird, wird man alle Exkremente der Vergangenheit hochkommen sehen.

Der rührende Fall der Armenier, die ihre ganze Energie darauf verwenden, endlich anerkannt zu bekommen, daß man sie 1915 massakriert hat. Ihre Identität beruht heute auf dem Massaker, deshalb muß es bewiesen werden. Das kann soweit gehen, daß sie das Risiko des Todes in einem Terrorakt auf sich nehmen, nur um der Welt das Geständnis abzuringen.

Dennoch hat all das etwas Widerliches an sich. Identität ist nutzlos, sie ist eigentlich nur ein Traum, und «sie als solche» zu fordern, besonders als Tod, ist absurd. Im Fall der Armenier ist es besonders tragisch, denn sie kämpfen nicht um das Recht auf Leben, nur um das Recht, massakriert worden zu sein. Wie sollte dieses siebzigjährige, weltweite Vergessen des Massakers gerächt werden? Was ließe sich gegen diese universelle Gleichgültigkeit machen? Schrecken. Eine surrealistische Rache, als solche ebenfalls zum schnellen Vergessen verurteilt.

Einst mußte man Angst haben, in Unehre zu sterben oder als Sünder. Heute muß man Angst davor haben, als Idiot zu sterben. Es gibt keine letzte Ölung, die einen von der Idiotie freispräche. Wir leben sie hier auf der Erde als subjektive Ewigkeit.

Die Verführerischsten von allen sind jene bleichsüchtigen Bäuerinnen im weißen Mercedes in ihren Hermèsschals. Heutzutage sehr selten, manchmal an der Meeresküste zu finden.

Für Kepler war das Universum ewig – kein Urknall, überhaupt kein Ursprung, höchstens Ergebnis eines unergründlichen Ratschlusses (die Frage: warum gibt es etwas und nicht vielmehr nichts, stellt sich nicht dem Gläubigen, nur dem gottlosen Gewissen). In den Sternen, Planeten und Ellipsen ist das All unbeweglich und unveränderlich. Es ist eigentlich ein Zeremoniell: sein Ablauf dient den mikroskopischen Vorgängen unserer Leben und Gedanken als Modell. Soweit Kepler.

Heute glauben wir nicht mehr daran. Das Universum ist nicht mehr ewig, es ist mit dem Urknall entstanden und befindet sich in ständiger Ausdehnung (oder in virtueller Schrumpfung, je nach Masse). Die Tatsachen bestätigen das und schwächen die Vorstellung Keplers. Rückblickend verstehen wir, daß Kepler sich die Welt nur unbeweglich und ewig, nach dem Bild der ihn umgebenden religiösen Welt, vorstellen konnte. Es lag allein an diesem Zwang, daß er eine falsche Vorstellung hatte.

Wie steht es da mit uns? Unsere Vorstellung ist wahr, weil sie mit den Tatsachen übereinstimmt und die Tatsachen unsere Religion sind. Wir können die Welt nicht anders denken, als wir es tun, d.h. in Expansion begriffen, wie Kepler sie nicht anders als unbeweglich und ewig denken konnte. Was garantiert uns, angesichts dieses vergleichbaren Zwangs, daß wir unsere Welt nicht nur mit der gleichen Ehrlichkeit und Ernsthaftigkeit wie Kepler begreifen wollen, sondern auch mit nicht mehr Wahrheit?

Es gefällt uns, daß das Universum sich in Expansion befindet, aber im Grunde befindet es sich darin vielleicht erst... *seit Keplers Tod*.

Ob sich das Universum unbegrenzt ausdehnt oder um einen unendlich dichten Knoten zusammenzieht, hängt von seiner kritischen Masse ab (die Gegenstand endloser Spekulationen ist, abhängig von der «Erfindung» neuer Partikel). Ob unsere menschliche Geschichte evolutiv oder involutiv ist, hängt vielleicht analog von der kritischen Masse der Menschheit ab. Hat die Gattung die notwendige Befreiungsgeschwindigkeit erreicht, um die Trägheit der Masse zu überwinden? Oder befinden wir uns wie die Galaxien in unabänderlicher Bewegung, die uns in zauberhafter Geschwindigkeit voneinander entfernt, oder muß diese endlose Zerstreuung ein Ende nehmen, müssen sich die menschlichen Moleküle in einer der Schwerkraft entgegengesetzten Bewegung einander nähern? Hätte die täglich zunehmende Menschenmasse einen solchen Pulsschlag in ihrer Gewalt?

Die Länder des Ostens sind nicht nur das Allerheiligste der civil society geworden, sondern auch der Zufluchtsort der Päpstlichkeit. Diejenige aus Rom verläuft sich auf Interkontinentaltourneen und im Showbusiness, Lech Walesa dagegen weigerte sich, Polen zu verlassen, um den Nobelpreis in Empfang zu nehmen. Er ist der wahre Papst, der nicht gleich seinen Vatikan verläßt und den man vor Ort anbetet.

Seine Frau wird ihm seinen Nobelpreis holen, er wird ihn der schwarzen Madonna von Tschenstochau zu Füßen legen. Hier haben wir die Tat von Walesa I., Pontifex Maximus der Gewerkschaften, dem Mann der Werften von Gdansk, den der Westen ekelhaft beweihräuchert: in ihm finden wir die Wiedergutmachung für all unsere Fehler, Erhöhung und Absolution von unseren Privilegien – in diesem kleinen begnadeten Gewerkschaftler im Schatten des Großinquisitors. Meine Verehrung der Dissidenz. Wir dürfen uns wie die ersten Christen fühlen – was für eine Gnade! Gott hat uns seinen Boten geschickt und wir haben ihn gehört! (nicht wie beim ersten Mal, mit Christus). Möge Gott die Dissidenz segnen! Unser Papst, der postmoderne Hochstapler, hat jegliche Spiritualität verloren und verschleudert seine Göttlichkeit in den Tropen. Er versöhnt sich mit seinem Mörder. Sehen sie sich das an! Rom, das tausendjährige Werk der Heuchelei, ist tot. Die ganze Heuchelei ist in den Osten abgewandert, ebenso die Spiritualität. Die alte theologische Kraft der schwarzen Madonna und der Jesuiten, wiedererstarkt unterm Kommunismus, hat mit Walesa und Solidarnosc in der Dissidenz und Prodissidenz ihre alte Stärke wiedergewonnen. Lassen wir, wie Kant sagt, den Westen seine Krise allein meistern, diesen hypochondrischen Wind, der durch seine Eingeweide geht.

Die beiden Ereignisse des Jahres 1983: Nobelpreis für Walesa, der Papst vergibt seinem Mörder. Bigotte Ereignisse. Die zur Potenz des Ereignisses erhobene Heuchelei.

Eine Frau hat den ganzen Weihnachtstag in einer Telephonkabine verbracht, ohne jemanden anzurufen. Wenn jemand kam, ging sie weg, dann kam sie wieder zurück. Sie wird auch von niemandem angerufen, aber irgendeiner, der offensichtlich nichts anderes zu tun hatte, hat sie von seinem Fenster aus den ganzen Tag über beobachtet. Weihnachtssyndrom.

Ganze Filme wie «Die Frau nebenan», «Auf Liebe und Tod» sind zu Werbefilmen geworden. Eine ganze Klasse wurde mit Techno- und Psychospielereien gekreuzt – eine Kultur in Begehrensform wie eine Melodie in Birnenform – die Beamtenschicht wurde zum Funktionieren ihres Gehirns befördert, weil man ihr gesagt hat, daß es einem Computer gleicht, und zum Ausdruck ihres Begehrens, weil man ihr gesagt hat, daß sie ein Unbewußtes besitzt, das sprachlich strukturiert ist – alles ist da drin, das Werbeleuchten einer ganzen Subkultur, bis zu Tränen über ihre eigene Gastfreundlichkeit gerührt und vor Business bebend, reich wie Uranium und von den Spuren der Selbstverwaltung und den Stereotypen der Kommunikation verschönt – all das geht durch die schöne Schnauze von Fanny Ardant und den Eigenwerbung treibenden, modernistischen Stil von Truffaut.

Anamnese Exegese Diegese Katachrese – Geschwätz. Wenn der Weise den Zustand seiner Seele kennenlernen will, betrachtet er die Halbmonde seiner Nägel.

Das Leben an sich ist nicht verzweifelt, nur etwas melancholisch. Etwas im Tageslicht Verschwommenes und Ungreifbares wie die Sprache verleiht den Sachen einen Anflug von Melancholie, der von viel weiter her kommt als unser Unbewußtes oder unsere persönliche Geschichte.

Der neueste kulturelle Trend ist, sich eine Gesundheit, ein Vernunftvertrauen, eine Tugend, eine intellektuelle Moral zuzulegen und mit einer instruktiven Übung wieder an Wissenschaft, Geschichte und Demokratie anzuknüpfen. Die 1960/70 aufgetane Bresche schließt sich wieder, jeder bewaffnet sich im Hinblick auf eine operationale Perspektive, die nur die defensive Abreaktion des drohend bevorstehenden Jahres 2000 ist. Auch intellektuell hat die lange Erpressung zur Krise begonnen. Wiederzentrierung, Ende der Zentrifugalpassionen. Was wir freudig dekonstruiert und vernichtet haben, wird jetzt traurig wieder aufgebaut.

Butoh-Tanz: Das Theater der Ableitung. Diese zusammengekrümmten Körper, halb Affe, halb Reptil, immer am Boden, gehalten von einer wilden Energie, geschmeidig, unmenschlich, kannibalisch – nie in der naturalistischen Plastik westlicher Körper, sondern maskiert, kurvenhaft, halbgebogen mit weißen Augen, in der tragischen Obszönität der Affen, aber mit dem Perlmuttweiß nackter Körper (nur der menschliche Körper ist nackt, Tiere sind es nie, sie können also dem menschlichen Körper nur als Masken oder Metaphern dienen). Diese larvenhaften, gewundenen, elektrischen, unbeweglichen Körper, immer im Zustand geistiger Hinrichtung auf dem elektrischen Stuhl, wie Artaud sagen würde, diese Körper, deren Glieder sich suchen, deren gewitzte Formen zwischen den Salzsäulen leuchten – der Trick dieser erstarrten, zusammengekrümmten, monströsen Nacktheit besteht darin, den Raum zu streifen, ihn an sich zu ziehen, ihn besser lachen und zittern zu lassen als die im westlichen Tanz gedehnten Körper. Schweigen ist auch eine Art Nacktheit, eine weiße und perlmuttfarbene Form, die aufhorchen läßt, wie die glatten, perlmuttfarbenen und verkrampften Körper ihrerseits den Raum anziehen anstatt sich in ihm mit Eleganz zu entfalten. Darin liegt das ganze Geheimnis der Grausamkeit: Zeichen, die sich verknüpfen, anstatt sich zu lösen, die den Blick auf den Boden heften. Anstatt, wie in der westlichen Choreographie, einen abstrakten Raum zu besetzen, muß man den ganzen Raum im Körper wiederansiedeln, zum Preis einer toll gewordenen, geopferten, nie wollüstigen und damit für unsere sinnliche Vorstellung grausamen Nacktheit. Dann muß sich der Raum krümmen, weswegen die Körper das Weiß verdrehter Augen haben. Sie sind wie Kokons, Wespennester, Schlangenknoten, wilde Katzen, die die Schönheit von Gehäuteten haben – die menschliche Nacktheit wird Ausdruck einer fötalen und animalischen Welt, wie ein ewig geöffnetes, blickloses Auge. Die Hände werden fortwährend ans Gesicht geführt, wie um es abzureißen, der Raum ist nie frei, der Körper ist ein Ganggestein, der Tod liegt vor der Geburt, das Blut zirkuliert nicht, es regnet Salz, das Weiß ist übernatürlich. Daneben erscheint Béjart wie eine Rosenfarandole an einer Festung – Allegorien, Phantasmen und Entrechats. Das hier ist die reine Halluzination der Körper, das Delirium katzenhafter Geister – Forcepsmaske, Geist der Geburt.

Das an sich stille Wasser wartet nur darauf zu rauschen. Unbeweglich wie es ist, wartete es nur darauf, sich zu bewegen. Ganz kalt und unangenehm, hat es doch die Milde des Salzes und die mineralische Weichheit des Textils.

Heiliger Horror der herrschenden Ideologien. Der Antigulag ist heute die herrschende Ideologie. Die Pfarrer des Antigulag kommen sehr wohl den Henkern des Gulag gleich. Die Lämmer haben die Hunde der Apokalypse ersetzt.

Berlin.

Plötzlich stehe ich davor, ohne es bemerkt zu haben. Ein langes Graffitiband überzieht sie vom einen Ende zum andern, wie in der New Yorker Untergrundbahn, wie Abziehbildchen des Westens. Und schon ist mir das Historische dieser Mauer entglitten, dieser wie ein Gehirn mit einem künstlichen Skalpell zweigeteilten Stadt. Die angrenzenden Häuser tragen die ausgeglühten Spuren warmer Geschichte – die kalte Geschichte lebt von kalten Zeichen, die unsere Vorstellungskraft zum verzweifeln bringen (selbst die Graffitis sind kalte Zeichen, das einzige komische Zeichen sind die Kaninchen, die sich im Todesstreifen des no man's land bewegen).

Unmöglich, den Schauer des Terrors wiederzufinden. Alles ist unbedeutend – hier, auf dem Gipfel der ihrer eigenen Gewalttätigkeit beraubten Geschichte, ist alles ruhig und gespenstisch wie eine undeutliche Novemberlandschaft. Jede verlassene Stadtzone bietet denselben Anblick.

Überraschend ist nur diese Museifizierung der Geschichte im unklaren Territorium. Die davon Betroffenen erinnern sich wie an einen Alptraum, d.h. wie an die Verwirklichung eines Traums. Jetzt sind die Zeichen das wahre Schlachtfeld, sie sind die Führer der Todesenergie, die Briefträger der elektrischen Hinrichtung. Heute brennen die Kreisläufe, wie die des Gehirns und der Sinnes- und Liebesmaschinen, die wir sind, die Häuser lodern nicht mehr und die Städte stürzen nicht mehr ein, nur die Hertzrelais unseres Gedächtnisses knistern.

Verblüfft schaue ich auf diese Mauer und kann mich an nichts mehr erinnern, genau wie jene, die in 2000 Jahren auf diese Mauer schauen werden, wenn sie bedeutungslos geworden sein wird. Wenn ich im Geiste die Augen schließe, sehe ich Christos Mauer vor mir, einen riesigen Textilschleier, der sich über die kalifornischen Hügel schlingt... Woher diese Leidenschaft, Bänder und Mauern zu entrollen, hier dieses Betonband, anderswo Tonbänder oder die Offenlegung des Traums und bei Wissenschaftlern die der Chromosomenbänder oder DNA-Spiralen? Die Dinge werden in ihren eigenen Herzen, in ihren inneren Gehirnwindungen gelovt, man darf dieses Wirrwar nicht entwirren wollen. Das Labyrinth einer Stadt ist hier wie ein gordischer Geschichtsknoten durch mörderischen Einschnitt mit einem Schlag durchgetrennt worden. Nichts ist vernarbt – nur das Leiden vergessen.

Das gleiche gilt für diesen Film *The day after*, der zu heilsamen Schrecken ermuntern sollte. Abschrecken von der Abschreckung. Die Bombe schreckt ab, man muß von der Bombe abschrecken. Mir gelingt es, nichts zu sehen oder mir nichts vorzustellen. Die riesigen Dias en trompe l'oeil im New Yorker Naturgeschichtsmuseum bewegen mich tiefer, ich empfinde dabei den Schauer der Eiszeit, hier dagegen spüre ich weder den Schauder noch den Charme des Nuklearen, weder Suspense noch eine letzte Blendung.

Vielleicht, weil all das unvorstellbar ist? Ist die Atomexplosion in unserer Vorstellung nicht ein totales Ereignis, ohne Morgen, während sie doch einfach nur zur ökologischen Regression der menschlichen Gattung führt? Das ist uns ja alles längst bekannt, wir sind doch gerade daraus hervorgegangen. Wir träumen von etwas, das nicht auf der menschlichen Skala liegt: wie könnte die Erde aussehen, wenn wir nicht mehr da sind? Wir träumen, die Welt in ihrer vom Menschen befreiten Reinheit zu erblicken (was keineswegs der Naturzustand wäre), im Zustand formaler Grausamkeit. Mit einem Wort: wir träumen von unserem Verschwinden.

Die Verlegung des Nuklearen in den Weltraum ist von derselben Größenordnung. Sie muß aus dem Menschlichen eine Lasur herstellen und unserem sentimentalen Weltdelirium ein Ende setzen. Sie muß uns zu einer reinen Geologie der Elemente und Ereignisse führen.

Kann das in Bildern metaphorisiert werden? Ihre Evozierung ist nicht garantiert, ebenso wenig wie die des Biomolekularen, diese andere Dimension des Nuklearen. Sie berührt uns nicht oder nicht mehr, was beweist, daß wir schon bestrahlt sind. Geistig hat all das für uns schon tausendmal stattgefunden, die Katastrophe ist nurmehr ein Comic. Ihre grobe Filmwiedergabe ist nur ein Ablenkungsmanöver von der Nuklearisierung des täglichen Lebens – oder noch besser: der Film selbst ist unsere Katastrophe. Er repräsentiert nicht, er verleitet nicht zum Träumen, er besagt vielmehr, die Katastrophe ist schon da, sie ist schon geschehen, *da sie nicht vorstellbar ist.*

Die Berliner Mauer verkörpert den überholten Charakter des kalten Krieges. Die Graffiti auf ihr zollen ihm durch Ästhetisierung Tribut, wie ein Sklave die auf ihn niedergehende Peitsche mit Blumen schmückt. Es ist kein Zufall, daß Moretti auf die Idee kommt, sie in Naturgröße, mit den Bewohnern von Kreuzberg, rund um die Défense nachzubauen. Die Graffiti haben ihr die Farben der Dissidenz verliehen: ein geistig wollüstiges Szenario des kalten Krieges, der nicht mehr ist, was er einmal war. Eines Tages wird man diese Mystifizierung der Dissidenz, in der die westlichen Intellektuellen auf der Mauer der geistigen Schande herumwackeln und sich eine billige *Ästhetik* der Menschenrechte, eine sentimentale Ästhetik des Gulag zurechtlegen, verwerfen. Die Mauer übersetzt auf ihre Weise das Ende dieser klaren Verteilung von Gut und Böse, sie ist das nostalgische Zeichen dafür geworden, wie manches Monument und manches Ereignis nurmehr die Nostalgie der Geschichte ausdrückt, wie manche Wut nurmehr die Nostalgie der Wut wiedergibt. Um so schlimmer, wenn sich alles verändert hat – man wird nicht ewig auf anoretischen Mauern über eine anoretische Geschichte weinen.

Und alle Kreuzzüge sind widerlich.

«Die Sauerstoffmasken fallen im Falle von Kabinenunterdruck automatisch herab. Stellen Sie dann das Rauchen ein.»

Muß man sich wirklich darauf vorbereiten, maskiert zu sterben, sich selbst unkenntlich, bis in die andere Welt?

Ich denke, daß Tausende von Toten weiterhin die Luftlinien heimsuchen, weil sie wegen der Masken dort nicht aufgenommen worden sind. Sie reisen unter schlechtesten Bedingungen weiter, wir streifen sie, ohne daß wir es wissen.

Ich könnte nicht mit Gott in einem Flugzeug fliegen nocht sonst mit jemandem, der sich für Gott hält (Verdiglione). Das wäre zu gefährlich, auch wenn die Gefahr weniger darin bestünde, abzustürzen, als nie mehr auszusteigen.

Der Unmöglichkeit einzuschlafen entspricht die Unmöglichkeit aufzuwachen, ohne durch das Grauen des Bewußtseins zu gehen. Reinigende Waschungen sind nötig, um diesen kalten Morgenschweiß loszuwerden, der vielleicht weniger eine Absonderung als eine plötzliche Verdampfung auf der Oberfläche des Körpers ist, wie Wasserdampf auf Eis, atmosphärische Angst, unbestimmte Wirklichkeit und erstes Tageslicht.

Depressive Stimmungen ziehen fast unweigerlich Unfälle nach sich. Plötzlich aber schlagen sie um, da der Unfall beweist, daß wir fähig sind, die Welt in unser Fahrwasser zu lenken und daß uns sogar im Unglück noch Kraft bleibt. Eine Serie von Unfällen löst offene Heiterkeit aus, aus Respekt vor dieser seltsamen Macht.

San Antonio: zwei ungewöhnliche Ereignisse geschehen im Abstand von wenigen Stunden in dem offensichtlich friedlichen Leben eines gewöhnlichen Wesens – wenn sie untereinander keine Verbindung hätten, wären sie dann nicht noch ungewöhnlicher?

Das Zusammentreffen glücklicher Begebenheiten ist beglükkend. Aber auch die unseliger Begebenheiten ist beglückend. Jegliche Koinzidenz ist beglückend, da sie dem Denken ein spirituelles Vergnügen bereitet. Das lebhafteste Glück besteht sicherlich nur aus der Lust an Koinzidenzen. Wäre es sonst ein Vergnügen, glücklich zu sein?

Das unendlich feine Spiel physischer Gesetze am Grunde eines Sees, in der Fäulnis von Blättern, in den Spinnenformen gefrorener Wagenspuren. Die Oberfläche des Waldteichs spiegelt die Zeichnung der eingetauchten Zweige wider. Sie haben die schwache

Wärme der Wintersonne bis unters Eis hinein gebrochen und ihre Unterwasseranwesenheit filigran nachgezeichnet. Wer kann von so subtilen Wirkungen sprechen? Da die Vibration des Eises das Wasser einschließt und kein Laut hervordringen kann, setzt sie sich als langer Schrei, als fast animalischer Effekt des Zerreißens der Luft bis zum anderen Ufer fort. Das verletzte Eis verlängert die Wellenbewegungen des Leidens. Ein Tornado hat die Bäume ringsum ihrer Glieder beraubt. Sie scheinen ebenfalls zu schreiben: das Leiden treibt das Pflanzenreich durch das Grauen des Tierreichs. Der Schnee deckt sie mit Schweigen zu. Auf dem Boden nebeneinander liegend, scheinen sie einen Fluß hinabzuschwimmen. Der Wald ist, kurz vor Sonnenaufgang, durch einen wahnsinnigen Windstoß verwüstet worden. Niemand war da, um das Brechen der Unmengen von übereinanderstürzenden Bäumen zu hören. Ein meteorisches Unheil, wie von einer Herde Tiere – als sei der Wald durch den Wind an Selbstmord gestorben.

Die Flüchtigkeit all dessen, was von den Medien zu uns dringt, ist vorgegeben durch den Zwang, diese Bühne nie leer zu lassen. Musik, Spots, Flashs, Werbung, Information, Film, Sprecher... es gibt keine Alternative zur Füllung des Bildschirms – außer einer belanglosen Leere. Wir befinden uns erneut in der Lage von Byzanz, in der die Idolatrie mit großer Bildverstärkung die Tatsache zu verschleiern suchte, daß Gott nicht mehr existiert. Das kleinste technische Versagen, der kleinste Versprecher einer Ansagerin sind spannend, da sie die Tiefe der Leere enthüllen, die durch die Luke schielt.

Man muß der toten Zeit ihre Chance geben. Besonders der Gegenwart, deren melancholische Deliquenz man nicht stören sollte. Dasselbe gilt insbesondere für die Politik, therapeutische Verbissenheit ist hier das Schlimmste. Genau das aber machen die Sozialisten mit dem Sozialen und die Ökologen mit der Natur und wir alle mit einer Menge toter Ideologien in therapeutischer Verbissenheit. Überleben, nur weil man sich zu sehen weigert, wie die Technologie sich vor ihrem Tod verneigt. Allem zuvorkommen, alles im Namen dieser Weigerung horten, das Ereignis entkommen lassen. Wir kultivieren das überlebte Koma. Wir verehren die künstliche Veredlung. Wir delirieren über Prothesen. Überall korrespondiert die Verbissenheit des Lebens mit der Auszehrung der ursprünglichen Lebensfiguren, der Entkörperlichung der Körper und der therapeutischen Reinkarnation eines toten Universums und einer überholten Zeit.

Eine Gesellschaft, die es zuläßt, daß ein solch ekliges Ereignis auf ihrem Misthaufen wächst und auf ihrer Oberfläche gedeiht, ist wie jemand, der ohne Reaktion eine Fliege auf seinem Gesicht herumlaufen oder sich den Speichel aus dem Mund rinnen läßt. Ein Epileptischer oder ein Toter.

Man sieht es den Leuten an, die in der Repräsentation und der Erwartung leben, anerkannt zu werden. Es ist bizarr, sich unter diesen Leuten aufzuhalten. Man zollt ihnen schließlich die Anerkennung, obwohl sie ein Nichts sind. Und sie geben sie zurück, obwohl man selbst ebenfalls ein Nichts ist. Das schafft eine idolatrische Familiarität, die typisch für die Atmosphäre der intellektuellen Milieus ist. Man könnte sich dort leicht durch diese zur Schau getragene Miene vorweggenommener Anerkennung und flüchtiger Berühmtheit Geltung verschaffen, die einen für kurze Zeit über das Allgemeinsterbliche hinaushebt. Ohne das Augenzwinkern des Ruhms hätten die Intellektuellen keine Eigenexistenz. Ohne diese gestaltete Existenz würden sie sich gegenseitig an die Gurgel springen.

Große tödliche Epidemien sind ausgestorben. An ihre Stelle ist eine einzige getreten: die Auslieferung der Menschenwesen an sich selbst. Die Überbevölkerung stellt eine langsame und unausweichliche Epidemie dar, die Umkehrung der Pest und Cholera. Man kann nur hoffen, daß sie von selbst zum Stillstand gelangt, wenn sie wie die Pest einmal genug von den Lebenden hat und von den Kadavern gesättigt ist. Wird sich wie einst gegen den Todesexzeß ein Steuerungsreflex gegen den Lebensexzeß durchsetzen? Der Lebensexzeß ist noch tödlicher.

Das intensive Leben der Wolken gehört zum Schönsten auf der Welt. Eine ihrer dummen Eigenheiten ist, in Windrichtung zu laufen. Man darf sich trotzdem nicht darauf verlassen. Es kommt vor, daß der Wind, wie hier an der Küste, mit ihnen kämpft, ohne sie daran hindern zu können, ihren unerbittlichen Schatten auf das Land oder das Meer zu werfen.

Sie sind weniger eine Gazehülle als eine fleischliche Umhüllung des Planeten und seiner geheimnisvollen Schwimmvögel. Sie schikken uns die Stürme, den Regen, die Schatten und Gewissensbisse. Vom Flugzeug aus haben sie das Weiß des Packeises, sie wandern wie Gletscher, sie zerreißen sich und haben doch nur ein Meteorenlos. Bemerkenswert neben ihrer wunderbaren, sie durchströmenden Elektrizität ist die wunderbare Sinnlosigkeit dieser in Bewegung begriffenen Massen.

Die Ufer verschwimmen, die Gewässer laufen parallel. Die Gewässer verschwimmen, die Ufer laufen parallel. Ein einziges Blatt knistert, die anderen schweigen. Wer kennt das Ende dieses Traums?

Er war so schmal, so durchsichtig, daß er zweimal an derselben Stelle vorbeigehen mußte, um einen Schatten zu hinterlassen.

Ein wohlgefälliges Schicksal leben, wie andere unter wohlgefälliger Flagge dahinsegeln.

Früher Morgen rund um die ins Freie tretende Ubahn. Diese vielen Leiber in der trägen Menschenmenge, in der Umkehrung der Qual, in der Ekstase der Arbeit. Diese schlaffen Körper, müde von einer schlechten Nacht wie der von schlaflosen Enterbten, die aus Ersparnisgründen denselben Traum wiederträumen. Diese sparsamen Leben, die energielos dahinwirbeln, in Windrichtung, leuchten rund um den Platz. Nie Nacht, nie Winter, nie Sonne, nie Sommer – ewige Arbeitssaison, die den Damen im Tüllkorsett mit den blutunterlaufenen Augen ihren Charme verleiht – sie sehen mich nicht einmal, sie sehen nichts, sie gehen zur Arbeit und sind deswegen nur um so schöner. Man mußte sie dieser Abstraktion der Morgenluft entreißen und sie wieder ins Bett legen, zurück in ihren Traum, dessen laue Form ihr Gang bewahrt hat. Sie sind die erotischen Arbeiter des frühen Morgens.

Nach einer durchsoffenen Nacht tätowiert Soutine eine seiner Kompositionen auf den Rücken eines Freunds. Damals war er noch nicht berühmt. Zwanzig Jahre später geht der inzwischen Clochard gewordene Freund an einer Galerie am linken Seineufer vorbei, wo man Soutine in voller Pracht ausstellt. Er geht hinein und zieht sich aus. Ein reicher Kunstliebhaber kauft ihn unter der Bedingung, daß er in seiner Villa an der Küste mit nacktem Oberkörper spazieren geht. Der Mann wird alt und stirbt. Oder wurde er ermordet? Später findet man ein Bild von Soutine in der Ausstellung, aus einem seltsamen, dem Raster wenig ähnlichen Korn, dafür authentisch.

No rain   no rain   no rain!
                                No rain!
No sens   no sens   non sens!
                                Non sense!

April 1984

Was macht man mit einem so leuchtenden Frühling? Keine Tat könnte an dieses Rieseln des Lichts und diese vitale Wärme heranreichen. Nichts kommt ihm gleich, nicht einmal die erotische Ekstase (denn Erotik ist leider nicht natürlich, wir kennen keine Brunftzeit, diese tierhafte Unterbrechung der jahreszeitbedingten Stimmungen). Liebe machen, Fahrrad fahren, schreiben? All das ist lächerlich bei diesem Frühlingsausbruch. Eine einzige Sache könnte ihm gleichkommen: ein totales Opfer, der Tod, eine Wiederaufrichtung von Körper und Seele. Nicht die Ernten des Sommers, sondern das Opfer Erstgeborener, der Heroismus einer Defloration des Lebens, der in den darauffolgenden Lebensaltern und Jahreszeiten nie mehr seinesgleichen finden wird.

Wenn der Frühling aber nur eine Maske ist? Wenn all dieses Licht, all diese Trägheit, diese ungewohnte Hitze nur Masken sind? Die einzige Antwort hieße dann, maskiert in diese maskierte Natur einzudringen, unsere Gesichter mit Tierzeug zu verhüllen, mit Keuschheit und Reserve auf die sexuelle Ekstase der Natur zu antworten, eine gewisse Ironie gegenüber dem verdächtigen Glanz der Natur und damit eine gewisse Souveränität in unserem Bereich zu bewahren – sonst werden wir dem Wunder dieses Lichts und der in diesen wenigen Frühlingstagen vorweggenommenen Sommerhitze nicht gerecht.

Nichts in der Menschennatur kann zu einem so irrationalen, exzessiven Verhalten wie der Machtergreifung oder Kriegsentfachung führen außer der Maske, der Figur der Maske, hinter der sich die Herausforderung einer anderen Welt enthüllt, deren Wahrheit man nie erfahren wird und die ganz aus der Künstlichkeit kommt. Die Maske erlaubt das Opfer, erlaubt Kriegsführung, erlaubt als einzige die Ausübung von Politik.

Man stammt nie bloß von Vater und Mutter ab. Ich bin 1929 geboren, unmittelbar nach dem schwarzen Freitag, unter dem Zeichen des Löwen und der Krise. Diese mythischen Mächte verlassen einen nicht mehr. Sie entfalten sich in einer besonderen, wüstenhaften, aber vitalen, analytischen und einsamen Denkform – solar criticism, Sonnenkritik. Geboren mit der ersten großen Krise der Moderne, hoffe ich so lange zu leben, daß ich die katastrophische Wendung des Jahrhundertendes noch erlebe (wenn es eine Logik der Geburt und des Todes gibt, woran ich glaube). Ich habe einen Freund, dessen Geburt Folge des Exodus war. Diese Völkerwanderung hat die erloschenen Triebe seines Vaters noch einmal zum Leben erweckt. Er ist das Produkt einer unerwarteten Kopulation mit der Geschichte.

Die glorreiche Vorwegnahme des Sommers durch den Frühling macht Lust darauf, im Denken auch alles vorwegzunehmen. Aber die Antizipation ist das Denken selbst. Sie kann von den natürlichen Phänomenen der Sonne und des Schattens zu uns kommen.

Der Schnee ist kein Geschenk des Himmels mehr. Er fällt genau an den von den Skistationen markierten Punkten nieder.

Zeitschrift und Photographie verschmelzen auf wunderbare Weise in Plötzlichkeit und Montage. Dasselbe gilt für Frauen und Reisen. So, daß diese gesamten Unteraktivitäten (denn keine entspricht einem ganzen Projekt) zuletzt auf seltsame Weise kohärent werden. Kann das andauern? Kann das an die Stelle des Scheiterns des ganzen Projekts treten?

Man kann nicht mehr sagen: die Dinge erscheinen uns inintelligibel, da die Wissenschaft uns im Stich läßt. Eher scheinen sie inintelligibel zu werden, je mehr wir über sie wissen.

Wie das expandierende Universum: je weiter unsere Meßinstrumente vordringen, um so mehr weichen seine Grenzen zurück. Das legt den Gedanken nahe, daß diese Expansion und Flucht mit der Macht unserer Werkzeuge in direktem Zusammenhang steht.

Wieso wich das Universum nicht vor Kepler zurück?

Linguistische Panik: Witz. Unkontrollierte Verstärkung der Sprachkorpuskel.

Zellenpanik: Krebs. Tierische Gelüste der Gehorsamsverweigerung gegenüber jeder beliebigen Ordnung.

Transparenz: Gleichzeitigkeit aller Punkte der Zeit, des Raumes, der Menschen unter dem Zeichen der Plötzlichkeit des Lichts. Absolute, exzessive Promiskuität. Schon die der Sowjets war unerträglich, wie viel mehr erst die der Elektrizität. Keine Oberfläche mehr (wie war sie schön in den Zeiten der Tiefe), kein Abstand mehr (wie war die Nähe schön in den Zeiten der Distanz), kein Schein, keine Dimension mehr. Man spricht vom Kupplerhaften der menschlichen Beziehungen, man sollte eher vom Kupplerhaften der Information und der ganzen Elektronik sprechen, die die absolute Promiskuität aller Orte, aller menschlichen Wesen, von Fragen und Antworten, Problemen und Lösungen mit sich bringt. Skatologie der Information: der Traum absoluter Lenkbarkeit kann nur abführend und exkrementös sein.

Der Katholizismus gründete auf der symbolischen Verpflichtung des Papstes, in der Welt-Mitte zu verharren, als es noch eine gab. Heute jagt er wie ein Profi rund um die Welt: Apostolat des Jet. Und prompt kann er sich den Luxus eines gescheiterten Attentats erlauben: es trägt nichts zum Ruhm Gottes bei, aber es macht ihn authentisch, als medienhaftes Idol, als Bühnenidioten. Es macht ihn als Zielscheibe authentisch und erlaubt ihm, die internationale Gemeinschaft als Publikum anzuvisieren. Er ist wirklich der schönste Spezialeffekt dieses Jahrhundertsenders.

Man muß ihn bei Sonnenuntergang sehen, wenn die letzten schrägen Sonnenstrahlen die Kolonnaden Berninis streifen, wenn er aus der großen Pforte der Basilika tritt, in helles Mauve gekleidet, von den Schweizer Garden umringt und von zwanzig, hinter Statuen versteckten Spots erleuchtet. So hofft der polnische Papst mit Hilfe des Bilds den zugleich entchristianisierten und des Spektakels beraubten Heiden der Industriekultur das Evangelium zu verkünden.

Man denke an das Verhör der Theologen vor der Entdeckung des Fernrohrs durch Galilei: ist eine Messe noch eine Messe, wenn sie durch dieses Fernrohr betrachtet wird? Es stimmt, daß wir durch unsere Tele- und Mikroapparate auf eine andere Welt schielen. Die Theologen hatten recht, eine Messe im Teleskop ist keine Messe mehr, wie ein Partikel im Mikroskop keines mehr ist. Aber was kümmert das den Vatikan. Nur die Wissenschaftler haben heutzutage Skrupel. Der Papst als Herr des Episkopats ist der Herr des Teleskopats geworden.

Eines Tages werden wir uns erheben und unsere Hintern werden am Stuhl kleben bleiben.

«Zeichen stammen nicht vom Zufall»: Werbedenken auf unseren Mauern. Will das besagen, daß die Zeichen notwendig gehorchen müssen? Daß ohne sie alles nur ein verwirrendes und beliebiges Spiel wäre? Ist das Reale Ergebnis des Zufalls? Sind die Zeichen Schicksal oder einfache Notwendigkeit des sozialen Lebens? Dieser kleine sibyllinische Satz wirft als Slogan eine Menge Fragen auf. Muß man ihn wirklich hinterfragen?

Anzeichen des Lebens: die Feuchtigkeit der Lippen. Bei allen in Agonie Befindlichen tut man dasselbe: die Lippen befeuchten, damit sie sich nicht schon tot glauben. Die Lust des Wassers auf den Lippen ist stärker als die des Trinkens. Die Lippen sind unsere Quelle, sagt der Koran. Ihr taktiles Genießen, ihre ewige Bewegung. Die Feuchtigkeit der Lippen ist schon ein Beweis der Liebe, ihre Trokkenheit bedeutet Gleichgültigkeit und Tod. Der Blick, der nicht mehr blinzelt, nimmt Totenstarre an. Aber die Augen dürfen auch nicht allzu sehr blinzeln und die Lippen nicht allzu feucht sein. Sie sind fragile Zeichen unseres Liebesgleichgewichts.

Was unmodisch wird, geht in die Sitten ein. Was aus den Sitten verschwindet, taucht in der Mode wieder auf.

«Michael Jackson ist ein einsamer Mutant, Vorläufer einer vollkommenen, weil universellen Kreuzung, irgendwie die neue Rasse nach allen Rassen. Die Kinder von heute haben keine Hemmungen mehr gegenüber einer bastardisierten Gesellschaft: sie ist ihr Universum und Michael Jackson nimmt vorweg, was sie sich als ideale Zukunft erträumen.» (Alain Soral)

Dem wäre noch hinzuzufügen, daß Michael sich sein Gesicht neumachen, die Haare glattziehen und die Haut aufhellen ließ, kurz: er hat sich minutiös umgestaltet. Das macht ihn zum reinen und unschuldigen Kind – zum artifiziellen Androgyn der Fabel, der besser als Christus über die Welt regieren und sie versöhnen kann, da er besser ist als ein Kind Gottes: ein Prothesenkind, ein Embryo aus allen erträumten Formen der Mutation, die uns von der Rasse und dem Sex befreien.

Die Statistiken sind eine Art Vollendung des Désir, ganz wie die Träume.

Manichäismus ist der unüberwindbare Antagonismus zweier Kräfte. Moral ist nur die Opposition zweier Werte. In der Wertordnung liegt immer schon ihre mögliche Versöhnung mitinbegriffen. Ein Kräfteungleichgewicht dagegen läßt sich nicht beheben.

Die Vorliebe junger Mädchen für ältere Männer: sie können in deren Blick den Widerschein ihrer Jugend finden, ihre gegenwärtige sensible Anmut. Sie könnten sie nicht ebenso in den Augen eines jungen Mannes finden, denn dort wäre sie geteilt.

Für den Liebhaber stellt das junge Mädchen keineswegs eine Form des Inzests dar: es ist eher die Wehmut eines früheren Lebens, der Traum eines reinen Objekts mit wechselndem Aussehen und eines durch den Altersunterschied verstärkten sexuellen Zaubers. Mit einer gleichaltrigen Frau könnte er nicht dasselbe empfinden, da sie ihm sofort wie seine Mutter angehören würde.

Heute muß man Biologie oder Nekrologie betreiben. Im Archiv oder im Protein. Sonst braucht man nicht zu denken oder zu schreiben.

Wo sind die Transvestiten der Politik? Wo sind die großen Verrückten, die Hermaphroditen der Macht? Die Feminoiden der Entscheidung, die Transsexuellen des Managements?

Die wirklich Verrückten, diejenigen, die die Macht in ihrer theatralischen Extravertiertheit verschleudern und sie bis zur Maßlosigkeit nach außen kehren, die heutigen Heliogabals, Dramaturgen der Verhöhnung der Macht, wie die Transvestiten mit dem Sex – das sind die Amin Dada und die Bokassa. Sie sind die wahren Verrückten der Willkür, die sich nicht um Repräsentationen oder Legitimität scheren – ubuhafte Idole und nicht Frömmler wie die meisten unserer Politiker. Vielleicht müßte man noch den Papst nennen, dessen Welterfolg auch der eines großen Transvestiten ist...

Die familiäre Mikroinformatik: das erste häusliche Objekt der Moderne, von dem man nicht weiß, wozu es gut ist. Es markiert damit sicherlich das wahre Ende der Konsumgesellschaft.

Sich durch Einbruch selbst verlassen, sich zart und subtil von sich selbst zurückziehen, wie sich das Licht aus einem Raum entfernt, wenn die Nacht hereinbricht (im übrigen bricht die Nacht nicht herein, die Dinge scheiden sie vielmehr gegen Ende des Tages aus, wenn sie sich müde in ihre Stille zurückziehen).

Grauer, unbeweglicher Tag wie eine fortwährende Dämmerung. Sogar die Vögel täuschen sich, sie werden den ganzen Tag lang gesungen haben, der Tag aber wird nie gekommen sein.

Sonntag, 13. Mai, 18 Uhr. Ist das gut, ist das schlecht?

Gegen Abend kommt ein kalter stiller Wind auf. Jetzt fehlt nur noch ein Hitze-Gewitter, um die Irrealität der Jahreszeit auf die Spitze zu treiben. Dennoch singen die Vögel, die Menschen denken heimlich, es sei Sonntag. Sie beschwören die Abwesenheit der Sonne und die Sonntagsmonotonie. Sie träumen von der Verlobung der Hitze mit dem Strand. Sie träumen davon, die Spiegel zu trüben und in ihrer eigenen Verrücktheit zu glänzen. Sie lauschen einer Barockmusik: Woher kommt diese Einsamkeit?

Wir sind alle Epigonen, Ereignisse, Entdeckungen, Visionen aus den Jahren zwischen 1910 und 1930. Wir leben in den ermüdeten Glossaren dieser furiosen Epoche, in der jede Erfindung der Moderne (und das hellsichtige Vorgefühl ihres Endes) in einer Sprache geschah, die den Glanz des Stils bewahrt hat. Das Maximum an Intensität liegt hinter uns. Ein Minimum an Leidenschaft und intellektueller Einsicht vor uns. Wie eine allgemeine entropische Jahrhundertbewegung: die ursprüngliche Energie verläuft sich langsam in ausgeklügelten Verfestigungen der strukturalen, pikturalen, ideologischen, linguistischen und psychoanalytischen Umwälzung – postmoderne Endbilder, die den künstlichsten und eklektischsten Tiefstand markieren, den zerkrümelten Fetischismus aller Idole und der uns vorangegangenen reinen Zeichen.

Sogar das große Licht der 60/70er Jahre wird, in Begriffen von Ideenstärke und mit Abstand betrachtet, nur eine Episode im involutiven Verlauf des Jahrhunderts gewesen sein. Und dennoch ein Vorzeichen.

Kann eine Überraschung aus einem neuen Ereignis hervorgehen? Davon wissen wir nichts, denn das Archiv und die Analyse sind Werkzeuge des Untergangs.

Die Informatik markiert nur die retrospektive Allmacht unserer Technologien: eine unbegrenzte Möglichkeit zur Verarbeitung von Daten (aber eben nur von Daten) und keineswegs eine neue Sicht. Wir treten mit ihr in eine Ära der Auszehrung, die auch eine der Erschöpfung ist, ein. Die allgemeine Interaktivität schafft jede Einzelaktion ab. Interface heißt die Herausforderung, die Leidenschaften und Rivalität unter Völkern, Ideen und Einzelwesen abschafft, die doch immer die Quellen unserer schönsten Energien waren.

Es ist schwierig, unserer Traurigkeit abzuhelfen, da wir ihr Mittäter geworden sind. Es ist schwierig, der der anderen zu begegnen, da wir befangen sind.

Mein Waschbecken ist verstopft. Ich kippe Tonnen von kochenden Sodakristallen hinein. In den Rohren entspinnt sich ein wilder Kampf zwischen dem abführenden und reinigenden Agenzien und den opaken Konglomeraten des organischen Abfalls. Wilde Projektionen und Schwefelejakulationen zeugen von der Widerstandskraft des Ausgespuckten, der Haare, der mit der hygienischen Gewalt eines Masturbators angesammelten Auswürfe. Und mit einem Schlag leert es sich, wird das Schwefelwasser mit übernatürlicher Geschwindigkeit zum Erdmittelpunkt gezogen. Das Leben geht weiter.

Man hat kürzlich auf der Straße einen Zug junger Mädchen defilieren gesehen, die unter anderen Himmeln sehr wohl in einer Prozession der Panathenäen mit Blumenkränzen hätten geschmückt sein können. Es waren junge aufgebrachte Sternchen, die forderten, nicht länger mit dem Regisseur schlafen zu müssen, um Anerkennung zu finden. Talent ja, unseren Hintern nein! Es hat etwas Rührendes, ein solches Problem in die Öffentlichkeit getragen zu sehen. Man weiß, daß sich die Werbewirksamkeit solcher Sachen immer gegen die Opfer kehrt und Vergewaltigung nur mit Medienvergewaltigung verdoppelt wird. Auch in diesem Fall wird man wieder sagen, daß diese jungen Mädchen auf der Suche nach einer Rolle sich schon im Zustand vorangeschrittener Prostitution befinden. Daß sie sich der Konkupiszenz der Öffentlichkeit ausliefern, nachdem sie sich gerade gegen ihren Willen der des Regisseurs ausgeliefert haben, beweist wenigstens ihre Unbedarftheit, wenn nicht gar ihre Unschuld.

Das Schweigen der Metapher begleitet den grausamen Akt, wie der kannibalische Japaner von der Liebesmetapher direkt zum Verspeisen dieses wunderbaren holländischen Mädchens übergeht. Oder diese Frau, die dem Mann ihr Auge opfert, weil er ihr gesagt hat, daß er so von ihrem Blick eingenommen ist.

Das Verlöschen der Metapher ist charakteristisch für das Objekt und seine Grausamkeit. Die Wörter haben nurmehr eine wörtliche, materielle Tragweite. Sie sind keine Sprachzeichen mehr. Sie sind das Schweigen reiner Dinglichkeit.

Der Körper wird von Tag zu Tag schwerer und dichter; unmerklich, fast ohne an Gewicht oder an Form zu verlieren, beschwert er sich mit toter Last, die zur nützlichen Last des Lebenden hinzukommt. Als ob die Elastizität ihn aufgegeben hätte, um der Trägheit Platz zu machen. Er entfernt sich vom Tanz und nähert sich der Masse. Er entfernt sich von der ursprünglichen Bewegung und nähert sich dem Tod.

Das Denken kann sich nicht mehr im kritischen Gleichgewicht halten. Es ist zwischen gewaltsamen Nostalgien und gewaltsamen Antizipationen gevierteilt.

Natürlich muß man von allen Frauen träumen. Es gibt keine, die nicht verletzt wäre, wenn der Mann dank ihrer nicht von allen träumte.

Ein Kind zu machen ist wundersam künstlich geworden. Es hat nichts von einem leidenschaftlichen Zufall mehr, es ist die Frucht einer Parthenogenese berechneter biologischer, diätetischer, psychosozialer Tatsachen geworden; man fragt sich, was noch von Traum, Wunsch oder Fatalität hierbei ist. Vielleicht ist die Gattung auch drauf und dran, ihr Interesse von der Sexualität zugunsten einer Art protozoischer Transplantation abzuziehen. Dabei wird noch nicht berücksichtigt, daß derjenige, der durch künstliche Befruchtung gezeugt wurde, alle Aussichten hat, sein Leben in künstlicher Intelligenz zu verlängern und durch Einverleibung von Veraltetem zu sterben. Auf die mechanische Braut folgt die mechanische Witwe. Nun ist aber jedes Menschenwesen Ergebnis eines sexuellen Akts, eines sexuellen Pakts, sonst stirbt die Menschengattung aus. Es bedarf eines sexuellen Beischlafs, damit ein Menschenwesen entsteht, wie es bei den Hindus eine Vereinigung von Wort und Schweigen braucht, damit ein Opfer gelingt.

In gewissem Sinn ist das Kind sehr wohl die Fortsetzung der Gattung. Aber in einem anderen Sinn ist es dessen biologische Spur. Je weiter wir fortschreiten in Richtung Veränderung, genetischer Innovation und Mode, um so irrealer wird es, in jeder Generation erneut auf den Prozeß von Geburt und organischem Wachstum des Kindes zu vertrauen. Die Naivität und Langsamkeit dieses Ereignisses haben mit unserer Erfahrung nichts mehr zu tun.

Wie sollte man Urteile fällen können, wenn man die Vorstellung von Sühne verloren hat? Wie sollte man über irgendetwas urteilen können, wenn man es nicht anerkennt, verurteilt zu werden? Und wenn wir weder urteilen noch verurteilt werden können, ist jede Hoffnung dahin, in der Vergangenheit oder Zukunft verurteilt oder freigesprochen zu werden. Was aber in der Vergangenheit oder Zukunft nicht mehr reflektiert werden kann, findet mit allen Konsequenzen in der Gegenwart statt. Das jüngste Gericht wird unmittelbare Realität. Dann gibt es nurmehr ein epidemisches und ungebremstes Wuchern aller Prozesse und eine epidemische Vervielfachung aller Krebse.

Niemand erkennt im Mund des anderen das Eingeständnis seiner Irrtümer und Vernunftgründe, wie man den Klang seiner eigenen Stimme auf Tonband nicht erkennt. Die Welt wirft uns nur die asymmetrische Form unserer Laster zurück, wie der Spiegel die unseres Gesichts.

In der Liebe eines Paares wird ein Pakt des Stolzes und des Ruhms geschlossen, der ebenso grundlegend ist wie die sexuelle

Erregung. Diese erschöpft sich schweigend in den Leibern, der Pakt kann nur durch das Wort gebrochen werden.

Wenn man sagt: ich liebe dich, setzt man schon die Sprache, das heißt eine Form des Bruchs und der Untreue, an die Stelle der Liebe.

Entsprechend der Hypothese, daß kein Ereignis einen endgültigen Sinn hat, bevor die Geschichte auf die eine oder andere Weise zu Ende gegangen ist, wird jeder Versuch, einem Ereignis Sinn zu verleihen, schon eine Art des Beendens der Geschichte.

Wenn es nur Feiertage gäbe, wären die Städte mysteriöser.

Das Flüßchen der Iris: anstatt, daß das Wasser, von Iris gesäumt, dahinläuft, laufen die Iris dahin, zwischen zwei Wasserufern.

Gegen unser ganzes Historisieren (aus Mitleid mit unserem gegenwärtigen Zustand) hilft nur die leidenschaftliche Antizipation (aus Frechheit gegenüber unserer Zukunft).

Die unendlichen Räume (Pascal bräuchte sich nicht mehr beunruhigen) sind Werberäume geworden. Die Werbung befruchtet alle siderischen Grundlagen der Kommunikation. Keine stummen Sterne mehr, keine astrologischen Zeichen. Die Werbung befruchtet die Noosphäre. Je weiter die jungfräulichen Räume kolonisiert werden, um so tiefer gerät man in den erpresserischen Raum der entfalteten Werbeform.

Die tiefgefrorenen, aufgetauten und wieder in den Uterus implantierten noch nicht Geborenen der Mutter. Was macht man mit den tiefgefrorenen Embryos, deren Eltern durch einen Unfall umgekommen sind? Mit den Waisen der künstlichen Befruchtung? Dem Milliardärfoetus? Glücklicherweise gibt es einen embryogenetischen Kontrollausschuß und eine Kommission für Gattungsethik. Aber die Waisen des Begriffs? Was macht man mit einem tiefgefrorenen Begriff, dessen Eltern durch einen Unfall umkamen?

Das Gras holt sich das größte Vergnügen aus dem Wind. Es nimmt sich seine frivole, luftige Energie, wie die Wellen die Unterwasserenergie benutzen. Das Gras verneigt sich absolut, es ist unbeständig, nutzlos, daher unsterblich.

Immer die gleiche Traumszene: an einem ruhigen Strand, innerhalb weniger Sekunden (ebenso plötzlich, wie die Sonne verschwindet) Zeichen eines fabelhaften Sturms. Das von plötzlichem Lichteinfall aufgebrachte Meer, die schneebedeckten Wolken, eine riesige Platte, die in einer tragischen Höhe hängt, bevor sie auf die bewohnte Welt herabfällt. Dieses Mal wird sie am Rande des Sandes verenden. Aber meistens überschwemmt sie die Stadt, mit einer totalen und stillen Woge.

Eines Tages werde ich das magische Tal von Vingrau, die magische Schlucht von Tautavel, das durchsichtige Wasser der Schluchten von Verdouple, die paläolithischen Höhen über den

Weinbergen und den Katharerschlössern besingen. Queribus, Peyrepertuse und die Erinnerung an Löwen und Auerochsen, die unter diesen sonnenbeschienenen Steilklippen jagten, vor 500 000 Jahren, ihrerseits von primitiven Menschen gejagt – diese einst in fleischfressender Endlichkeit, heute in sonnenhafter Ruhe geschlossene Welt.

Auf dem Gepäckförderband im Flughafen ein Käfig, in dem ein Hund hin und her rennt. Er dreht, stolz wie ein Idol und unberührt von der komischen Situation, mitten zwischen den Koffern ein oder zwei Runden. Die Zeit vergeht, niemand verlangt nach ihm, die Koffer verschwinden, der Hund steht weiter da, hoch aufgerichtet in seinem Käfig, würdevoll (vielleicht verrückt vor Angst?). Jeder Mensch wäre vor Scham gestorben, wäre er auf diese Weise den Augen aller ausgesetzt gewesen. Er aber behält seine Würde und Gleichgültigkeit wie die Löwen auf den Anhöhen der afrikanischen Reservate, die den Kopf der untergehenden Sonne zuwenden und deren königliches Profil und deren Unbekümmertheit durch die gezähmte Lebensweise nicht gebrochen wurde. Die Menschen laufen herbei, um sich die Löwen anzuschauen, die Löwen blicken nur in die Sonne. Die Menschen warten auf ihre Gepäckstücke, der Hund wartet nur auf seinen Herrn. Er erinnert an Leika, diese erste von den Sowjets in den Weltraum geschickte Hündin, die man in der Hoffnung auf wissenschaftliche Symptome in der Umlaufbahn festhielt. Wenn ihn sein Herr vergessen hat, dreht er vielleicht noch heute unter den Augen der Reisenden auf dem Band. Vielleicht aber steht ja sein Herr da vor uns, reinkarniert in seinem Hund?

Jedenfalls hat die Szene des «bagage claim» auf den Flughafen Ewigkeitswert: nach dem Tod, wie ihn ein Flug durch die Luft immer ein wenig darstellt, nimmt jeder das wieder auf, was in seinem früheren Leben zu ihm gehörte. Es ist wie das Verteilen dessen, was jeder ins Jenseits mitnehmen darf. Dank welchen Wunders findet man dieselben Koffer und Taschen wieder, die man bei der Abreise stehenließ? Welches Wunder bewirkt, daß dieser Hund bei der Ankunft noch seinem Herrn gehört? Nur er weiß es, denn nur er hat nie an den Tod gedacht. Ebenso wenig, wie die Löwen oder Giraffen der Reservate jemals an ihren eingesperrten oder lächerlichen Zustand denken – nicht weniger absurd als eine Reise durch die Luft, sonst würden sie auf der Stelle sterben.

Nach jedem Flug kreisen verwaiste Gepäckstücke weiter, ohne daß jemand nach ihnen verlangt. Aber auch das Umgekehrte kommt vor: manch einer steht da und wartet und sein Gepäckstück kommt einfach nicht. Der Blick jener, die langsam die Hoffnung aufgeben, ist unvergeßlich. Dennoch stiehlt niemand ein fremdes Gepäckstück, weil jeder nur daran denkt, an seine eigene Existenz wiederanzuknüpfen. Wer möchte schon in der Haut von jemand anderem, in jemandes anderen Koffer wiedergeboren werden? Wer möchte sich den Hund von jemand anderem aneignen? Eine Art Immunität schützt alles, was die heilige Promiskuität des Fluges und das Tabu des Todes überlebt.

Mitten im Konzert von Stevie Wonder, inmitten von Musiktrance und elektronischer Nacht tausender Personen im Stadion, metropoliswürdig mit ihren Unmengen von zerebralmotorischen Sklaven, die sich im Rhythmus von Synthesizern wiegen, und den Feuerzeugflammen als Zeichen erhellten Beifalls, ein neues Katakombenritual: totale Kälte und Gleichgültigkeit gegenüber dieser Musikkonserve ohne den melodischen Anklang einer Phrase und von unbarmherziger Technizität. Alles in den Eingeweiden und gleichzeitig alles kodiert. Streng reglementiertes Aufwühlen, kaltes Zeremoniell, menschlich sehr weit entfernt von jeder musikalischen, nicht technisierten Wildheit. Zurück bleibt nur der visuelle Einsatz, das Spektakel der Menge und ihrer physischen Idolatrie, besonders wenn das Idol blind ist und alles mit seinen toten Augen, außerhalb der Welt und des Tumults stehend, dirigiert und doch ganz wie ein Tier verschlingt. Dieselbe Sakralität wie bei Borges. Dieselbe Transluzidität wie bei Blinden, die von der Stille des Lichts und damit vom Zwang zur Luzidität profitieren. Die moderne Idolatrie geht jedoch schwer durch, die Körper bleiben verkrampft. In diesen neuen Metropolennächten siegt die Technizität über die Besessenheit.

Das Altern hat mit biologischem Fälligwerden nichts zu tun. Es ist die immer länger werdende Spirale der Trennung von der physischen und intellektuellen Disponiertheit der Jugend. Eines Tages wird die Spirale so lang sein, daß es keine Aussicht auf Rückkehr mehr gibt. Die Parabel wird exzentrisch und der Höhepunkt des Lebens verliert sich im Raum. Gleichtzeitig kommt das Echo der Vergnügen in der Zeit immer schneller zurück. Die Lust an der Lust vergeht. Man erlebt die Dinge nostalgisch, als Echo eines früheren Lebens. Das ist das zweite Spiegelstadium und der Anfang des dritten Alters.

Tod Foucaults. Verlust des Vertrauens in das eigene Genie. Absolute Referenz zu sein, ist lebensgefährlich. Der Verlust des Immunsystems ist, abgesehen vom sexuellen Aspekt, nur die biologische Transkription des anderen Prozesses. Dasselbe ist schon Barthes passiert, als er sich «sterben ließ».

Sartre stirbt noch pompös. Barthes und Foucault verschwinden diskret, vor ihrer Zeit. Die Zeit großer Literaten und Rhetoriker, die den Ruhm noch beschwingt ertrugen, ist vorbei. Die subtileren Denker des Medienzeitalters ertragen ihn nicht mehr. Idolatrische Funktion und Machtausübung sind in der demokratischen Gesellschaft immer schwerer zu übernehmen, da das Denken folgenlos und die Ereignisse gedächtnislos sind. Der Stand der Dinge läßt eine

Kristallisation in der Form der Unterwerfung rund um eine ob ihres abstrakten und herrischen Charakters erwählte Figur um so dringlicher erscheinen – das ist mit Foucault geschehen. Aber der Ruhm, der einem reinen Intellektuellen zukommt, verurteilt ihn zum Verschwinden. Die Vorstellung der eigenen simulierten Apotheose ist ein unerträglicher innerer Skandal. Sartre, der die ganze Zeit die Erscheinungsformen des schlechten Gewissens analysiert hat, litt darunter doch weniger als Foucault, der sich paradoxerweise als wenig geliebt und verfolgt empfand. Sicherlich haben ihm diese Tausende von Schülern und beflissenen Schmeichlern nachgestellt, die er insgeheim verachtete (jedenfalls hofft man das), und die ihn bis zur gefühlsmäßigen Karikatur seiner Verdienste beraubten. Ihn vergessen, hieß, ihm einen Dienst erweisen, ihn vergöttern, hieß, ihm schaden.

Sein Tod fällt mit der vorweggenommenen und blinden Bewunderung für eines seiner Bücher zusammen, dessen Suspense höchst problematisch ist. Was erhoffte er sich denn selbst davon, nachdem er so lange mit diesem Buch wie mit seinem eigenen Tod gespielt hatte? Es war jedenfalls eine sehr elegante Antwort auf diesen übermäßigen und anmaßenden Ruhm, mit dem die Idioten ihren Vordenker überhäuften – ein ziemlich umwerfendes Dementi dieser intellektuellen Beglückung. Man kann mit Ansehen leben, denn es kommt von Unseresgleichen und geht dahin zurück. Es gibt jedoch keine Verteidigungsmöglichkeit gegen die Macht, die sich einem durch die Unterwürfigkeit der anderen aufdrängt. Denn selbst die systematische Enttäuschung, wie sie Foucault praktiziert hat, entmutigt sie nicht. Um den Hunden zu entgehen, muß man zu guterletzt fliehen können – oder sie wie Hunde behandeln, was nicht jedermanns Sache ist.

Je herrischer, despotischer, willkürlicher Foucault wurde, um so größer wurde seine Autorität in den Intellektuellenkreisen. Das besagt allerhand über die Misere dieser Kreise. Im Grund unterscheiden sie sich nicht groß von den populären Schichten der

Rockmusik: Diskrepanz zwischen intellektueller Beschlagenheit und künstlicher Unfehlbarkeit, ein Kult, der in dem Maße wächst, wie die an die Souveränität des Denkens gebundene Autorität schwindet.

Der Mann, auf den sich diese Zwangsreligion erstreckt, verliert seine intellektuelle Immunität. Er löst sich vor seinen eigenen Augen wie ein vom Glück heimgesuchter Spieler und wie die Idole und Stars auf, denen nicht einmal mehr ihr Name gehört. Jede Gesellschaft braucht ihr kollektives, einstmals rituelles Opfer. Soll man die Niedrigkeit der Schmeichler, die nur Meßdiener sind, stigmatisieren? All das ist unerbittlich ineinander verzahnt. Gemeinschaften tun sich zusammen, um aus einem eine berühmte Figur zu machen und einen dann durch Anbetung zu vernichten. Nur geschah das früher im Fest, heute vollzieht es sich langweilig und regressiv. Darin zeigt sich, was Despotismus und freiwillige Knechtschaft anrichten. Nur ist es um so karikaturhafter, wenn es in der Intellektuellenschicht geschieht, die sich geistiger Freiheit rühmt. Man muß gesehen haben, wie Tausende von kultivierten Geistern stundenlang aus ihren Sesseln heraus auf das willenlose Schweigen des alten Lacan starrten, auf dieses Rezitativ des Schweigens vor denen, die ihn sterben sahen, um zu verstehen, daß etwas Absurdes in der menschlichen Seele die Leidenschaft der Bewunderung, die zum schönsten gehört, zum Verfaulen bringt.

Foucault: Besessenheit immer genauerer Genealogie, immer gelehrtere Umgehung anstehender Fälligkeit durch Ausschöpfung vorangestellter Objektivität. Wie ein Denken, das sich vor einem unüberwindlichen Hindernis mehr und mehr im Kreis dreht – es wird nie über seine Schatten, seine Erzeugungsmechanismen, seine nachträgliche Verkettung springen können. Man wird zur absoluten Referenz, indem man das unbeugsame Erbe des Wissens und der Autorität auf sich nimmt, die sich zwangsweise immer weiter in der

Zeit zurückliegend zu begründen sucht. Diese eiserne Kette verbietet die Vorwegnahme und sogar den Einbruch in die Gegenwart, sie untersagt sich jeden geistigen Verstoß gegen das Gattungsgesetz: man muß sicher sein, daß man vorwärtskommt. Das ist illusorisch, da kein Denken sich seiner selbst sicher sein kann, weder bewußt noch als Dispositiv. Es muß das Risiko dessen, was es nicht sagt, und nicht die Vorsicht dessen, was es sagt, eingehen. Selbst wenn in Foucaults Vorsicht viel objektive Scham liegt, besteht sein Drama doch darin, nie diese Verteidigungslinie überschritten und sich in seinen eigenen Diskriminierungen eingeschlossen zu haben, immer in der Forderung nach einer anderen Macht. Foucault hat zur Einlösung dieser Forderung seine ganze List und Energie drangegeben, die sich freilich ihrer eigenen Stärke immer unsicherer und vom Übermaß des Ruhms zunehmend verwirrter wurde. Er ist an dieser Regression ins Unendliche gestorben und ohne Hoffnung für uns, aber auch ohne große Hoffnung für sich selbst an den ambivalenten Rändern des Hohen Wissens verschwunden.

Was sind die Schriften Barthes', Lacans, Foucaults (und sogar Althussers) anderes als eine Philosophie des Verschwindens? Als ein Auslöschen des Menschlichen und der Ideologie? Mit ihrer fehlenden Struktur, dem Tod des Subjekts, dem Mangel und der Aphanisis? Sie sind daran gestorben und ihr Tod trägt die Kennzeichen dieser unmenschlichen Konfiguration. Er trägt das Zeichen großen Verzichts, einer Ausscheidung, kalkulierter Willensschwäche und kalkulierter Ohnmacht des Wunsches an sich. Zuletzt breitet sich Stille, in welcher Form auch immer, über sie hin, die Wörter ziehen sich nach und nach zurück. Ihre Gedanken haben kein Morgen, der singt, sie werden, zur Enttäuschung ihrer Schüler, unter Umständen sogar ohne Folgen sein. Eben, weil sie subtile Denker sind, also solche, die ihre eigene Spur verfeinern und damit niemals konstruktive Effekte hervorbringen (das gehört jedenfalls nicht zum Besten, was sie gemacht haben). Die, deren Geist in einer humanistischen, liberalen oder libertinären Konfiguration wurzelt (Lévi-Strauss, Lefebvre, Aron und auch Sartre), überleben besser. Lebend oder nicht, sind sie nicht auf dieselbe Weise «verschwunden», der Virus hat sie nicht erreicht, ihr Werk überlebt sie und sie tragen den Ruhm ohne Ohnmacht. Eine ganze Generation wird jedoch in voller Kohärenz mit dem, was sie an Unmenschlichem beschrieben und erahnt hat, verschwunden sein. Sie hinterläßt ironische Zeichen; jene, die von ihr rundweg enttäuscht wurden, werden nichts anderes zu tun haben, als sie zu positiven Monumenten zu machen, die das Eingedenken, ein saftiges und intellektuelles Eingedenken, verdienen, ohne Rücksicht auf Eleganz und Stil ihres Verschwindens.

Die Atome der Zeit, einst in komplexen Ensembles organisiert, schließen sich zu dichten Knoten zusammen, die man nicht mehr durchdringen kann und deren immer stärker werdender Druck uns ins molekulare Stadium zurückversetzt. Unter dem Druck der leeren Zeit werden wir zu Wesen, die nurmehr von der Geschwindigkeit bewegt werden und nurmehr Warm und Kalt empfinden. Jedes Wesen wird zu einem infinitesimalen Korpuskel, das von einer immer höheren Geschwindigkeit bewegt wird, dem einzig die Beschleunigung Lebensgefühl verleiht und für das jede Verlangsamung tödlich ist.

Wenden wir unseren Blick dem australischen Land zu, wo als einzigem noch das melancholische Licht des Ursprungs scheint.

Wenn man die Erde auf einer Höhe von zwanzigtausend Kilometern überfliegt, sieht man, daß sie, von der Arktis zur Antarktis, aus einem harmonischen Ganzen von Wüsten, einschließlich des

Ozeans, besteht, die von irgendwelchen bizarren Stadtansammlungen und einigen wilden Vegetationszonen punktiert sind. In der schlaflosen Nacht der Zeitverschiebung und ihrer Linie als geometrischer Funktion der vielen Koordinaten des Längen- und Breitengrades, der Höhe und Geschwindigkeit verschwimmt die Distanz. Es ist seltsam, wenn man über dem Indischen Ozean im Sturm gefangen ist, in dieser bequemen Gondel, in der das Leben zerbrechlich und unfreiwillig ist. Es hat keinen Sinn, eine soziale Beziehung zu dieser Höhe herstellen zu wollen. Es genügt, seine Mahlzeiten zu sich zu nehmen und in diese banalen Gesichter zu blicken, mit denen zusammen man die winzige Chance hat, daß einem der Tod gelingt.

Der Schatten der Wolken ist so fein wie ein Flecken von Rorschach auf der Weite der Wüste – die Zeichnung der ausgetrockneten Wasserfälle aus der Vogelperspektive so trocken und gezahnt – das Profil der Bäume, im Wasser des elektrischen Stausees stehend, so genau und träumerisch – die rassische Schönheit der arktischen Frauen so leicht, so künstlich ihr Lächeln, wenn sie einem den Tee unter dem australischen Himmel servieren – alles ist so verrückt, daß man nie ankommen und unendlich um die Erde kreisen möchte.

Traum von einer matriarchalen, zarten und weiblichen, lethargischen und inselhaften Utopie, der der Antarktis und der südlichen Hemisphäre. Traum eines abdriftenden Kontinents, auf dem die Spielregeln der Gattungen, die Formen des Menschlichen und Unmenschlichen aufgehoben wären. Jenseits des Äquators müßten sich Bewußtsein und Unterbewußtes wie Pole hin und her schieben, alle menschlichen Konstellationen müßten sich wie der Polarstern und das Kreuz des Südens umkehren. Es gibt Spuren davon – eine ganze Philosophie der Involution und der Beuteltierhaftigkeit. Schon die Aborigines haben keinen Sinn für Vaterschaft (ein gutes

Zeichen in einer Zeit, in der Vaterschaft, Kausalität und Sexualität allgemein zur Farce werden). Die kleinen Beuteltiere kommen nie wirklich zur Welt: sie steigen in die Tasche ihrer Mutter zurück und wachsen im offenen Bauch. Hier versickern sogar die Flüsse im Innern der Erde. Selbst die Wörter verlieren sich im Innern der Sprache. Dieselbe fötale Ruhe im Flugzeug, Vereinnahmung durch die Geschwindigkeit, die zur Mutterwärme wird.

Wohltuender Muskelkater des Jet Lag, des in einer anderen Zeit-Hemisphäre verlorenen Körpers. Kleiner science-fiction – Schwindel, nicht loszuwerdende Starre, Schwäche der Glieder – aufgrund des Mangels an paradoxem Schlaf ist die ganze Realität in einer paradoxen Starre gefangen. Da man gegen die Zeit geflogen ist oder schneller gewesen ist als sie, ist der Körper total lethargisch geworden. Da er seinen Raum und sein Territorium überschritten hat, ist er von Amnesie und Traumlosigkeit geschlagen. Und dennoch ist es ein poetischer Zustand, eine Art zweiter Zustand, der wie eine Droge wirkt.

Koala Känguruh Wombat Lizard Dingo – alle faul, schläfrig, mütterlich und infantil (wie fellüberzogene Formen oder mechanisches Spielzeug). Keine Raubkatzen. Ein fötaler, beuteltierhafter, pflanzenfressender, idyllischer und schmusender Zustand – es fehlt nicht mal der tödliche Schatten der Schlange und die paar Aborigines, die die Erbsünde überlebt haben. WOLLOOMOOLOO!

Ohne Raubkatzen und Geschichte, aber nicht ohne Mythen und Wind badet all das in einer pränatalen Lethargie, einer Freundlichkeit und Melancholie, die sich im sozialen Leben wieder begegnen.

Ist das der Ursprungszustand? Angenommen, er ist es, woher dann dieses Mausern der Dinge außerhalb ihres mütterlichen und trägen Films, ihr Eindringen ins Reale? Man hat den Eindruck, daß hier viele Dinge noch nicht ihre nördliche Realitätstaufe erhalten haben.

Dreamtime? Australisches Unbewußtes? Allmacht des Denkens über der Weite der Wüste: der Ureinwohner ist der einzige, der über fantastische Distanzen hinweg kommunizieren kann. Gibt es hier eine Verbindung zwischen kosmischer Erzählung, Traumvergangenheit, deren Primitivität zu einer anderen Welt gehört, und der hypermodernen, hyperrealen Zukunft, zwischen dem telepathischen Echosystem der Aborigines und unserer weißen Telematik, die ihrerseits auf die Allmacht des Denkens zielt?

Australien ist durch seine Ferne, seine Inselhaftigkeit, seine Ureinwohnerschaft schon eine Art Raumschiff und abgedrifteter Kontinent in anderer geographischen und zeitlichen Umlaufbahn.

Absoluter Kontrast zwischen dem glänzenden Tageslicht an der Gold Coast auf dem Korallenriff, dem winterlichen und subtropischen Schein einer durch die Nähe der Wüste gereinigten Atmosphäre, und dem «faint», dem Licht der Abenddämmerung des aboriginalen Unterholzes, der Nachtsäugetiere, der nachts jagenden Tiere und der unter ihrem nächtlichen Bewußtsein und der Obskurität ihrer Forschungen sich duckenden Intellektuellen. Gegen das Strahlen draußen: die rosafarbene Nacht der Känguruhtasche oder der unterseeischen Korallen. Alles lehrt, sich zu erden oder einzutauchen, sei es ins Unbewußte oder in die Dunkelheit der Bücher und der Erde, alles verschiebt seine Stellung mit nächtlicher Langsamkeit oder der Agilität des Willens zum Überleben.

Geographische und geistige Koexistenz der Inselhaftigkeit und eines fantastischen Raums, einer involutiven und extensiven Utopie.

Nostalgisches Gleichgewicht, dem die Geister, die zwischen einer Art fötaler Ruhe und stolzer Modernität gefangen sind, nicht entgehen. Unterschied zu den Vereinigten Staaten, die nicht diese Inselform einer Ursprungsträumerei kennen.

Der leichteste Wald ist der Eukalyptuswald, der nicht viel Schatten wirft, da sich seine Blätter seitlich zur Sonne strecken. Er schält sich aus seiner Rinde wie aus einem Kleid und fühlt sich darunter bei der Berührung zart wie Haut an. Seine Bleichheit und natürliche Eleganz machen ihn zu einem weiblichen Baum. Seine Blätter lassen den Himmel tief und leicht werden; es gibt nichts Schöneres als ihre Zeichnung im Gegenlicht.

Je mehr man die Aborigines erforscht, um so nostalgischer werden sie vom Westen wahrgenommen, der sich schon über ihr Auftauchen im 17.–18. Jahrhundert wunderte (der erstaunlichste Moment unserer Geschichte: gerade, als der Okzident sich eine allumfassende Vernunft zulegt, entdeckt er bei den Antipoden eine präadamitische, wunderbare, gegenüber Geschichte und Fortschritt resistente Humanität, die er nur zerstören kann, wenn er sie der universellen Vernunft einverleibt – und damit die Geschichte durch Mord pervertiert). Als hätte ein böser Geist für den zivilisierten Stolz dieses treffende Dementi der Primitivität und Schwärze reserviert (vielleicht haben wir hier, wie im Fall der neolithischen Zeichnungen, eine diabolische Erfindung der Libertins des 18. Jahrhunderts?). Wie auch immer: das philosophische und moralische Bewußtsein, das sich schon über ihr Auftauchen wundert, wird durch ihr Verschwinden gelähmt. Bis hin zu dem Punkt, daß es ihnen ein verfemtes Vetorecht auf die eigenen Werte zuerkennt.

Dasselbe gilt für die Wissenschaft. Was entdeckt man letzten Endes, was kommt bei all der Hetzjagd über das australische Meer oder ins biologische Feld heraus? Immer ein schwarzes Objekt oder unheilvolle Populationen, die besser geheim geblieben wären zum größeren Vorteil der Aufklärung. Man gräbt immer das Schlimmste aus und es rächt sich zuletzt immer.

Lord X., Seefahrer und Missionar, der sich Ende des 18. Jahrhunderts nach Australien einschiffte, mit 2000 Buchbänden und Hunderten von Weizensäcken, von denen er hoffte, daß die Australier sie über die Erde aussäen werden; die dagegen dachten nicht einmal daran, die Erde zu enthäuten, um etwas aus ihr zu gewinnen, sie verbrannten sie lieber oder durchwanderten sie, jahrhundertelang, bis sie zur heutigen Wüste wurde.

Australien und die Pazifikinseln sind von allen bewohnten Inseln die dem 18. Jahrhundert nahestehendsten, da sie noch immer die Spuren ihrer Entdeckung an sich tragen. Die Aborigines stehen ihren Ursprüngen heute weniger nah als zu dem Zeitpunkt, da sie durch unseren Blick gesehen und erweckt wurden. Mit ihren Gepflogenheiten, ihren mysteriösen Zeichnungen und kannibalischen Gesichtern sind sie Träger einer Aufklärungspoesie und einer ganzen vorrevolutionären Epoche, mehr noch als unsere Schlösser oder Gemälde oder die Enzyklopädien (die übrigens mit dem Heiligenschein ihrer ganz neuen Existenz umgeben sind). Die originellste Erfindung des 18. Jahrhunderts war im Grunde nicht die Aufklärung, sondern die australische, weiche, mondartige und mütterliche Hemisphäre.

Verbindung dessen, was die Hemisphäre an Straightestem und Strengstem hervorgebracht hat – den Presbyterianer und Angelsachsen, die Quintessenz des Hyperboreers mit seinem Stolz und seiner

Theologie – mit dem, was die Antipoden an Primitivstem, Regressivstem, Ohnmächtigstem und Unbeteiligstem unter der Sonne versteckten – die Aborigines. Zum Schock kam es durch die fast vollständige Auslöschung der Antipoden, aber die Südhemisphäre hat vielleicht noch nicht ihr letztes Wort gesprochen.

Man hat sie zum Besten gehabt, die Aborigines: man hat sie dazu gebracht, Flächen als ihr Territorium zu fordern, die sie, solange sie noch in Ruhe gelassen wurden, als Nomaden, ohne irgendeinen Begriff von Territorialität, durchzogen. Man hat ihre Forderungen auf ein Objekt gerichtet, das sie nie besessen haben, das zu besitzen sie für verachtenswert und für ein Sakrileg gehalten hätten. Ein typisch okzidentaler Witz. Sie dagegen haben uns einen viel tödlicheren Virus verpaßt, den des Ursprungs.

Man hat den Aborigines die Verfügungsgewalt über Ayers Rock, einen flammenden Monolithen mitten in der Wüste, zurückgegeben. Aber welchem unter all den vielen Stämmen sie geben? Zum Beweis ihres ursprünglichen Rechts haben die Umburu zu tanzen begonnen, sie sind eine Stunde lang auf dem Platz herumgehüpft, haben eine ästhetisch armselige und ungefällige Übung gemacht, aber der Beweis war erbracht: sie waren die heiligen Erben von Uhuru. Und die ganze Welt hat sich verneigt. Eines Tages werden die Aborigines vielleicht den Weißen die Verfügungsgewalt über die Oper von Sydney zurückgeben, unter der Bedingung, daß die Weißen den richtigen Tanz aufzuführen verstehen!

Diese alten Australier und Kalifornier, die ganze Tage vor dem Ozean zubringen, ohne aus ihren Limousinen zu steigen, die sie zu ihren panoramischen Kindheitsorten und zu ihren Särgen gemacht haben, und die vor sich hinträumen, in Erwartung der letzten Welle vom Grunde des Ozeans, die sie überspülen wird.

In der grauen und schweren Morgendämmerung von Bangkok, ein Traum der Antarktis, von leuchtendem Schnee oder dieser mit Korallen umgebenen Insel, kristallines Denken, transparentes Gehirn, lethargischer Weg in dunkler Vegetation, Kindheit der Welt, Resumé des Lebens auf einer allein aufgetauchten Erde, in der Handfläche, in einem vollkommenen Oval, im Glanz des Details, in der vollkommenen Inselhaftigkeit... Heron Island.

Asien, so heruntergekommen, so durch die Kolonialzeit und eigene Promiskuität verfault, daß nur noch die Wahl zwischen Entmündigung und puritanischer Orgie des Kommunismus besteht.

Die Frauen Thailands sind so schön, daß sie zu Hostessen der westlichen Welt geworden sind, überall begehrt und gewünscht wegen der ihnen eigenen Anmut gelehrsamer, affektiver Weiblichkeit junger heiratsfähiger Sklaven, die heute von Dior eingekleidet werden, mit ihrer erstaunlich sexuellen Aufforderung im Blick, der sich nicht abwendet, und ihrer virtuellen Gefügigkeit gegenüber allen Launen. Kurz das, wovon jeder westliche Mann träumt. Die Thaifrauen übernehmen spontan die sexuelle Funktion von Tausendundeinenacht wie einst die nubischen Sklaven in Rom. Die Thaimänner scheinen darüber traurig, aber hilflos zu sein, ihre Morphologie entspricht nicht dem Weltchic; ihre Frauen dagegen genießen das Privileg modischer Rasseschönheit. Was bleibt ihnen übrig, als der weltweiten Beförderung ihrer Frauen zu hochrangigen Prostituierten beizuwohnen?

So weit als möglich weggefahren zu sein, setzt dem Reisen in gewisser Weise ein Ende. Die einzig dann noch mögliche Etappe könnte die sein, nicht mehr zurückzukommen. Seine «Befreiungsdistanz» finden. Je weiter man reist, um so deutlicher merkt man, daß es nur um die Reise (das Schicksal) geht. Sie muß einen irdischen Bogen beschreiben, der Erdkrümmung sich anpassen und so an Geschwindigkeit zulegen, daß sie ihr beinahe entgeht. Das Denken muß sich seinerseits der Krümmung der Dinge, ihrer Beugung, ihrer Umkehrbarkeit anpassen und in jedem Moment der Versuchung erliegen, ihnen in Sternen-Höhe zu entgehen, denn zu gegebener Zeit die Lebenskurve zu entdecken, berührt nicht weniger, als in großer Höhe die Erdkrümmung zu erahnen.

Man muß reisen, zirkulieren. Man muß den Ozean, die Städte, die Kontinente, die Breitengrade überschreiten. Nicht, um sich einer aufgeklärteren Vision der Welt zu nähern – es gibt nichts Universelles und keine mögliche Synthese der Erfahrung und eigentlich noch nicht einmal das «ästhetische» und «folklorische» Vergnügen der Reise –, aber um der Weltsphäre des Tausches nahe zu sein und die Ubiquität und kosmopolitische Extravertiertheit zu genießen und der Illusion der Intimität zu entgehen. Reisen als Fluchtlinie, Reise auf der Erdumlaufbahn des Wassermannzeitalters.

Philosophie ist immer nur die Leugnung des Realitätsprinzips gewesen. Bis heute war das die Sache der Philosophen. Jetzt aber hat diese Irrealität die Dinge befallen. Damit ist das Ende der Philosophie und der Anfang von etwas anderem gekommen, wo die Realität mit ihrer ironischen Brechung verwechselt wird.

Das Fernsehen weiß nichts von der Nacht. Es ist ewiger Tag. Das TV verkörpert unsere Angst vor der Dunkelheit, der Nacht, der Kehrseite der Dinge. Es ist das unausgesetzte Licht, die unausgesetzte Beleuchtung, die dem Wechsel von Tag und Nacht ein Ende setzt (wie absurd daher ein Fernsehprogramm wie das französische, das um 23 Uhr aufhört).

Die Schminke einer Frau hat etwas Kindisches und Hexenhaftes. Sie hält die Welt allein durch das Spiel von Spiegel und Gesicht im Stillstand. Sie ist die Versöhnung von Technik und Witz. Sie hat kein Gegenstück im Universum des Denkens, höchstens in der asketischen Schminke des Leidens. Das ist übrigens der tägliche (und mehrmals tägliche) Moment des Opfers des Lebens einer Frau.

Man kann Trauer nur durch Verklärung oder Entstellung auf sich nehmen. Es gibt keine rationale Form der Absorption des Todes.

Man regrediert im Flugzeug so sehr, daß man einfach sterben muß. Die Infantilität bringt einen geradewegs ins Paradies.

Fächer der Bloßstellungen
Nichtigkeit des Diskurses
Schrecklichkeit des Begriffs
nicht identifizierte Sexobjekte
die Stockung der Kahlköpfigkeit

So, wie uns ein Übermaß an Leiden in Ohnmacht und Bewußtlosigkeit stürzt, so versetzt uns höchste Gefahr in physische und geistige Gleichgültigkeit, die der brutalen Gleichgültigkeit der Welt uns gegenüber entspricht; ist dieser Intensitätsverlust der Affekte (oder Seelenbewegungen) in einer künstlich bewegten Welt nicht ein Trick der Gattung in Erwartung einer besseren Welt?

«Jede Ekstase schlägt lieber den Weg des Verzichts ein, als sich an ihrem eigenen Begriff durch Verwirklichung zu versündigen.» (Adorno) Gilt das nicht auch fürs Soziale – für diese kollektive Komplizität, die ihre ganze Energie daransetzt, die Verwirklichung des Sozialen zum Scheitern zu bringen, aus Angst, an seinen Begriff zu rühren und die Hoffnung auf immer zu zerstören?

Das Pharaonenzeitalter der gebieterischen Technokraten. Der Traum einer elektronischen Steuerung der Dinge stößt sich an der traditionellen Dummheit der Massen. Man hat im Laufe der Geschichte die kollektive Nachfrage nie so sehr angeheizt, herbeigezwungen und verletzt wie im Informationsbereich.

Der Schock zwischen der philosophischen und metaphysischen Forderung und einer Aktualität, die nicht mehr besteht. Der Schock zwischen einem Repräsentationssystem und einem Simulationssystem.

Der Schock zwischen einem Denken der Differenz und der Indifferenz.

Worin liegt die Stärke der Indifferenz? Wie sähe eine Analytik der Indifferenz aus?

Dilemma zwischen einer radikalen Indifferenz und einer radikalen Verführung.

Die Postmoderne ist die Gleichzeitigkeit der Zerstörung und die Rekonstruktion der vorherigen Werte. Sie ist Verrat und Restauration in einem. In zeitlichen Begriffen ausgedrückt, ist sie das Ende letztgültiger Bewertungen der Bewegung der Transzendenz zugunsten der «teleonomischen» Bewertung, und zwar als Wechselwirkung. Alles wirkt stets wechselseitig, die Information eingeschlossen und vor allem sie. Das übrige wird der Beschleunigung der Werte durch die Technik überlassen (Sexus, Körper, Freiheit, Wissen).

Warten ist vorweggenommenes Sterben. Jede Lust ist von einer Zone des Wartens umgeben, die anzeigt, daß Millionen Menschen zur selben Zeit dasselbe möchten. Warten ist Neutralisierung gegenseitiger Wünsche, die sich auf dasselbe Objekt beziehen. Unter Umständen sogar auf Leiden und Tod. Wenn der Tod ein öffentlicher Dienst wäre, gäbe es Wartelisten. Ungeduld läßt sich als Verweigerung dieser Leere und dieses Leidens der Zeit rechtfertigen, die keine Rechtfertigung in einer anderen Welt kennt und sich aus der Promiskuität der Überbevölkerung unserer Wünsche ergibt.

Gewisse Frauen träumen nur davon, einen Mann zu bekommen. Ein paar andere träumen nur davon, ihn loszuwerden. Sie haben ihre Weiblichkeit und die Lust, die sie schenken kann, von vornherein eingebüßt. Wenn sie über Sinnlichkeit verfügen, tritt diese zugunsten eines subtileren Einsatzes zurück. Wie sich das Denken eine Art geistiger Beherrschung bewahrt, nicht, um die Welt zu verändern, nur, um sie abzuschaffen, so widmen sich gewisse Frauen einer Art geistiger Prostitution, in der die Männer, die von gelehrsamen Lüsten genug haben, ihre Selbstzerstörung ausspielen können.

Das Pentagon beschuldigt Texas Instruments, ihm keine zuverlässigen elektronischen Geräte zu liefern. T. I. gibt zurück, daß bereits die Tests ein Drittel des Budgets verschlingen, und daß die Geräte unmöglich getestet werden können, ohne Jahre zu verlieren, nach deren Ablauf sie dann überholt wären (nun sind sie aber zu wichtigen Aufgaben vorgesehen: für militärische Verteidigung Nuklearballistik, wissenschaftliche Berechnungen). Wunderbar. Die Hochtechnologie trifft sich hier mit dem Sozialsystem, das seinerseits für die Zufälle seines Funktionierens nicht mehr aufkommen kann. Es bringt Individuen, Gesetze und Produkte in Umlauf, ohne sie vorher genügend getestet, analysiert und identifiziert zu haben (die andauernde Umstrukturierung bedeutet ein Scheitern). Entweder testet man euch so gründlich, daß ihr am Ende zu nichts mehr gut seid, wie die Reifen von Michelin nach den Probeversuchen. Die Staatsbürger werden so oft nach ihrer Meinung gefragt, daß sie zuletzt keine mehr haben. Wie die Dogon, die von den Ethnologen so bedrängt wurden, daß sie sich zuletzt Träume und Riten ausdachten, nur um jenen gefällig zu sein. Überall übertrifft der (medizinische, wissenschaftliche, militärische oder soziale) Apparat die Möglichkeiten seines Objekts, er muß sich also zwangsweise gegen sich selbst kehren und sich in der Einstellung und in einem unendlichen Regulieren verlieren. Der Count down verliert sich in Startkontrollen. Der Raketenstart wird auf unbestimmte Zeit verschoben (die Kosmonauten sind inzwischen gealtert, wenn sie nicht schon an der Kontrollbestrahlung gestorben sind). Der einzige Gewinn ist der, daß der Krieg selbst auf unbestimmte Zeit verschoben ist: er muß zuerst bis in seine letzten Weiterungen überprüft werden.

Die Leute, denen im Grunde die öffentlichen Angelegenheiten, d. h. ihre eigenen Interessen, gleichgültig sind, verhandeln diese Gleichgültigkeit mit einem ebenso gespenstigen wie, was ihren eigenen Willen angeht, gleichgültigen Partner: der Macht. Dieses Zombiespiel kann sich auf lange Sicht stabilisieren. Das Jahr 2000 wird in dem Sinn nicht stattfinden, als man eine Ära der Indifferenz der eigenen Zeit gegenüber und damit ein symbolisches Scheitern der Jahrtausendfeier aushandelt.

Man muß in gewissem Sinn telegraphisch, durch unmittelbaren Transfer, vom Geld zum Geld übergehen (das ist die Virusseite der Dinge). Eine Virusrevolution, dem Glasperlenspiel verwandter als der Dampfmaschine und auf hervorragende Weise im Playboykopf von B. Tapie personifiziert. Denn der Look des Geldes reflektiert sich in den Gesichtern. Es gibt keine häßlichen alten Kapitalisten und Eisenhüttenbesitzer mehr, die die Masken des Leids tragen, das sie selbst über die Welt verhängt haben. Nur mehr fesche, sportliche und sexuelle Playboys, wahre Industrie- und Bankenkavaliere mit Masken des Glücks, das sie um sich herum herrschen lassen.

Seit 1968 wird mit der Verzweiflung kokettiert. Seit 1980 mit der Hoffnung. Einverstanden, wir hören zu weinen auf. Reaganoptimismus, Dollararroganz. Das Strahlen von Fabius. Patriotische Geselligkeit. Verbotener Widerstand. Der alte Pessimismus ergab sich aus der Vorstellung, daß alles immer schlechter wird. Der neue Pessimismus dagegen folgt aus der Tatsache, daß alles immer besser läuft. Euphorie ohne Verlust, Anästhesie ohne Kontrolle.

Ich würde gerne im Feld der Begriffe des Äquivalent zu B. Tapie im Geschäftsleben auftauchen sehen. Die an Wert verlierenden

Begriffe wiederaufkaufen, sie herabsetzen, entspecken (alles sperrige alte Eisen entlassen), sie mit dynamischer Jungfräulichkeit wieder in Umlauf bringen, in der Börse hinaufklettern lassen und zuletzt wie Hunde aussetzen. Manche machen das sehr gut.

Das ist vielleicht besser, als die müden Begriffe zu retten und sie wie Streikposten trotz Einbuße beizubehalten oder sie in Banken interaktiver Gegebenheiten einzusperren, wo sie künstlich beatmet werden.

Die Macht muß sich überall zeigen, um den Eindruck zu erwecken, daß sie alles sieht. Das ist freilich falsch. Sie sieht nichts. Sie ist wie eine in die Peep-show eingesperrte Frau. Sie ist von der Gesellschaft durch einen Spiegel ohne Spiegelbelag ausgeschlossen. Sie dreht sich langsam, zieht sich langsam aus, nimmt dabei die geilsten Posen ein, ohne daran zu zweifeln, daß andere sie anstarren und sich heimlich masturbieren.

In der Métro. Ein Mann steigt zu, schafft sich durch seine Blicke, Gesten und Bewegungen Platz und behauptet ihn. Von da aus regelt er das Spiel der ihn umgebenden Nachbarmoleküle. Er wird zum Zentrum physischen Drucks, riecht die Vibrationen, die feindlichen oder freundlichen Emanationen, zur Panik bereit. Er paart sich aus Angst. Er innerviert seinen Körper mit berechnender Gleichgültigkeit, wickelt sich in oberflächliche Träumerei, die nur dazu dient, die anderen auf Distanz zu halten. Er entziffert nichts, schützt sich vor dem Kreuzfeuer der Blicke und plaziert den seinigen mit entkreuzter Rückhand, indem er ein bestimmtes Gesicht hinten im Waggon fixiert, bis die Leichtigkeit seines Blicks den anderen aus dem Schlaf reißt. Kommt es zu einer Beschleunigung oder Verlangsamung, dann fallen alle Körper in dieselbe Richtung, wie Fischbänke, die gemeinsam die Richtung ändern. Diese wunderbare

Untersee-Lethargie der Métro, diese Selbstverteidigung der Kapillarsysteme, dieses grausame Spiel unbestimmter Gedanken – in Erwartung der Haltestelle Faidherbe-Chaligny.

Das Wichtige ist nicht, großartige Zukunftsvisionen zu haben, sondern zu wissen, wo man seine Urszene errichtet. Für uns besteht die Gefahr darin, daß wir uns an der Mauer der Revolution stoßen. Denn unser Unglück kommt von dort: unsere Phobien, unsere Verbote, unsere Phantasmen, unsere Utopien stecken noch immer im 19. Jahrhundert, dort ruht ihr Fundament. Man muß diese historische Verkettung sprengen. Dann wird alles möglich. Das Abenteuer des Jahrtausendendes besteht vielleicht darin, die Mauer der Revolution zu sprengen und darüber zu schweben, in den Glanzlichtern der Form und des Esprits.

Das Lächeln unseres Chefs ist faul. Es bringt uns einen regnerischen Herbst. Schauen Sie nur, wie Reagans Lächeln alle Segnungen des Herrn auf Amerika zieht. Er ist ein guter Chef, den man in einer primitiven Gesellschaft geschätzt hätte. Das verkrampfte Lächeln Mitterrands bringt nur Wasser. Schon die Nacht vom 10. Mai zeichnete sich durch ein fantastisches Gewitter aus. Wir warten noch immer auf den Indianersommer des Sozialismus.

Weder Optimismus noch Pessimismus: diese moralische Qualitäten haben gar nichts mit der Immoralität der Theorie zu tun.

Ein bestimmter Pessimismus ist für ganze Generationen an das historische Scheitern der Revolutionen geknüpft. Das ist pathetisch. Der andere, weniger sentimentale und wilde, ergibt sich aus der

Feststellung, daß die Dinge sich im Idealzustand befinden, unsere Freiheit vollkommen und exakt ist und wir absolut über die einfachsten Lösungen verfügen. Wie beispielsweise die Lösung des Hungerproblems in Irland durch Beseitigung der Kinder im zarten Alter: man kann es nicht besser machen, es gibt keine elegantere Lösung. Das ist eine geistige Haltung. Diese geistige Haltung verzweifelt an der Sprache, zieht jedoch aus dieser Verzweiflung jedes Mal eine hervorragende Lösung: einen Gedankenstrich zwischen zwei diametral entgegengesetzten Polen. Diabolische Vereinfachung, alles in der Ellipse. Man kann der Realität keine krummere Tour spielen, als sie, wie sie ist, zu idealisieren. Davon erholt sie sich nie (wogegen sie es sehr wohl erträgt, schlechtgemacht zu werden). Ihr könnt die herrschende Macht vergöttlichen, so viel ihr wollt, sie wird ihren Augen nicht trauen. Schaut euch doch die an, die mit Schildern über den Roten Platz gingen, auf denen geschrieben stand: «Wir sind glücklich in der Sowjetunion! Die Sowjetunion ist das verheißene Land!»

Wenn fünf Personen an einem Seil ziehen, verfünffacht sich die einzelne Kraft. Für den Tod gilt das Gegenteil. Wenn man tausend Menschen tötet, hat der Tod jedes einzelnen tausend Mal weniger Bedeutung, als wenn er alleine gestorben wäre (Gombrowicz) – eine Scheinlogik, da es das eine Mal um Quantität, das andere Mal um Qualität geht (die eine vervielfacht sich, die andere teilt sich, darin liegt eigentlich nichts Paradoxes). Und doch, was für ein hervorragender Spruch!

Gewisse Regime reservieren sich das Monopol physischer Gewalt. Die Sozialisten haben sich das der moralischen Komik vorbehalten. Daher ist es so schwierig, sich über sie lustig zu machen. Sie sollten jedoch nicht stolz darauf sein, denn die Tatsache, daß man nicht lachen kann, beruht sicherlich darauf, daß das Lächerliche schon zu tief verborgen, außer Reichweite, irreparabel ist. In der Regel eignet sich aber die Macht nicht eine Funktion – das Lächerliche – an, das normalerweise aus dem Zustand der Moral folgt und in dem sich zum großen Teil die öffentliche Gesinnung betätigt.

Die Vereinigten Staaten haben eine fantastische Absorptionskraft bezüglich Gewalt. Italien hat ein ähnliches Aufnahmevermögen für Verhöhnung. Diese Qualität resultiert aus seiner Geschichte. Die Mafia als blutige Verballhornung der offiziellen Macht, als rituelle Inszenierung ihrer Liquidierung: Volksoper. Wird die verhöhnte Macht zusammenbrechen? Keineswegs. Sie baumelt weiter am Ende der Schnur, schwingt wie ein ausgeleierter Gummi von rechts nach links. Sie überlebt dank des Mitleids, das sie erregt. Niemand (außer den Roten Brigaden) hat Lust, ihr den Todesstoß zu versetzen. Was für eine strahlende Weisheit! Denn die Wahrheit unserer Gesellschaften besteht darin, daß sie das Böse nicht abschneiden können, daß sie es absorbieren müssen. Man kann den Wahnsinn nicht mehr einsperren, man muß ihn assimilieren. Man muß Enzyme, nicht Abführmittel zum Einsatz bringen. Auflösen, abführen, abschrecken. In Italien löst sich die Macht von selbst in ihre Skandale, in ihre Schamlosigkeit, in ihre historischen Kompromisse auf, aber mit einer gewissen Höfischkeit, indem sie das Spektakel ihres Niedergangs und ihres Wiederhochschnellens nochmals inszeniert. Wenige Gesellschaften sind so weit.

Unsere Gesellschaften verändern sich. Nicht mehr der Polizeistaat lastet auf uns und besetzt unsere Straßen und Gehirne. Eine strahlende und kraftvolle Atmosphäre nimmt uns die Luft. Die Euphorie, das dumping und die Beschleunigung saugen buchstäblich den ganzen Sauerstoff der Umgebung auf und werfen uns wie

Fische aufs Trockne. Es mangelt uns weder an Licht noch an Geld oder Luft. Wir sind nicht unterdrückt, sondern bedrückt. Ergibt sich dieser Effekt des nach Luft Ringens und Schnappens aus der Tatsache, daß das Jahrhundert seinem Ende entgegengeht? Bleiben wir nur in Bewegung, um dem zu entgehen? Wir ahmen mittlerweile das nach, was wir für das 19. Jahrhundert halten, um uns auf den mörderischen Übergang vorzubereiten. Man fliegt prospektiv in die Luft, um dem Mangel an Perspektiven zu entgehen. Man legt an Tempo zu, um das Kap der Jahrtausendwende in Hochform, in einem unbefleckten Eingeschmolzen-Angekettetsein zu umschiffen, ohne Rücksicht auf dieses magische Datum. Weder Zahlen noch Sternbilder belästigen uns mehr. Die kommenden Jahre sind bereits selig gesprochen. Sie zählen nicht mehr. Sie sind schon in den Schattenkonus des Raumschiffes des Jahres 2000 gefallen, sie verschwinden im Halbschatten der Geschwindigkeit. Wir werden dort nur mit Mühe das Gras wachsen, den Wind rauschen und das Schicksal sich erfüllen sehen. Denn alles ist von diesem Sog olympischer Performance ergriffen, die sich die Menschheit kollektiv auferlegt hat.

Oktober 1984

Denn die Differenz ist schön,
aber die Indifferenz ist erhaben.

Die verrückte Hoffnung darauf, widerlegt zu werden: wenn die Realität existiert, muß sie sich dieser Herausforderung stellen, bis hin zur systematischen Zerstörung ihrer Bilder, wie Gott sich gegenüber den Ikonoklasten verhalten mußte. Leider haben sie verloren, Gott hat nie auf ihre Provokation reagiert. Die Gottheit ist ja nicht verrückt: sie hat sich auf die Seite der Bilderstürmer geschlagen, die eben nicht an sie glaubten und nur ihr Simulakrum verehrten. Nach so vielen ikonoklastischen Versuchen müßten wir uns zweifellos dieser Vernunft da beugen und dürften nie mehr eine Realität in Zweifel ziehen, die, wie einst Gott, lieber hinter dem vollkommenen Alibi der Bilder verschwinden möchte.

Irgendwo gibt es einen Wurm, der mit einer symbiotischen Alge verbunden ist, die ihm beim Verdauen hilft. Alles geht gut, außer daß der Wurm die Alge verschlingt und stirbt, da er ohne Alge seine Nahrung nicht mehr verdauen kann.

Die witzigsten Einfälle liegen in der Natur.

Nach Sinowjew wird auf den dritten Weltkrieg der Weltkommunismus als Organisationsform des Überlebens folgen. In dieser

Sicht werden die kommunistischen Länder zu Mutanden des dritten Weltkrieges, zu Modellen jenseits der Katastrophe, gezeichnet von dem fantomhaften Charakter der Vernichtung. Politisch ist das richtig: diese Staaten haben die Vernichtung ihrer eigenen Gesellschaft betrieben, sie haben ihr Volk zerstört und ihre Organisation auf der «transpolitischen» Ebene neu errichtet. Wir sind, wenn auch über ganz andere Wege, davon nicht weit entfernt. Das bedeutet, daß der dritte Weltkrieg schon stattgefunden hat, daß es also nichts nützt, auf ihn zu hoffen oder ihn zu fürchten, da er sich hier und heute zwischen uns vollzieht. Die Sinowjewsche Konzeption des Kommunismus ist allen vom Westen angestellten, politisch-imperialistischen Analysen weit überlegen. Sein Kommunismus hat nichts Ideologisches oder Historisches mehr, er stellt eine Perfusion nach der Kernverschmelzung dar, er bestimmt das Überleben und nicht mehr das Leben. Er ist gegenständlich und hat die Kraft zur Gegenständlichkeit (wodurch sich, ironisch, auch Sinowjews Denken auszeichnet).

Ganz einverstanden mit Salieri, der sich gegen Gott empört, weil er der Menschheit die göttliche Musik Mozarts nur geschenkt hat, um sie noch lächerlicher dastehen zu lassen und in Verzweiflung zu stürzen. Er, Salieri, wird der Anführer der Menschen gegen die göttliche Ungerechtigkeit. Dasselbe Problem wie für den Großinquisitor aus den Brüdern Karamasow. Er sagt zu dem auf die Erde zurückgekommenen Christus: «Wir führen die Menschheit zu ihrem größten Glück, das hat sie mit dem Preis ihrer Mittelmäßigkeit bezahlt. Zerstöre nicht dieses zerbrechliche Gleichgewicht durch unsinnige Versprechungen». Und er verurteilt erneut den toten Christus.

Salieri ist keine niedrige Seele: man braucht Stolz, weniger, um auf Mozart eifersüchtig zu sein, sondern um Gott herauszufordern und zu fragen: im Ernst, warum bin ich nicht Mozart? Denn Gott hat sich über uns lustig gemacht, indem er Mozart als gewöhnliches Wesen unter uns treten ließ, ohne daß er wenigstens außergewöhnliche Gnadenzeichen an sich gehabt hätte. Gott macht sich über uns lustig, das ist unerträglich. Man muß Mozart zerstören. Alles, was Gott herausfordert, hat eine vornehme Seele und ist mehr wert als die friedfertige und bedingungslose Bewunderung seiner Werke.

Mit dem Neuronenmenschen von Changeux, der mit seiner kortikalen und synaptischen Flachheit wie der letzte Mensch Nietzsches am Horizont erscheint, wird sich dieses Problem nicht mehr stellen. Adieu Mozart, adieu Salieri, keine Gnade, aber auch keine Herausforderung mehr: die moderne wissenschaftliche Lösung für die unlösbare Verzweiflung über den Unterschied zwischen den Menschen.

Die Zeichen, die Zeichen, ist das alles, was Sie zu sagen haben? Die Leute rühren sich, träumen, sprechen und schweigen, nichts von alle dem ist unwirklich. Schweigen Sie und sehen Sie her. Sehen Sie sich die philosophische Schönheit dieser letzten Jahre des Jahrhunderts an, die Verneigung der Sternbilder vor dem Schicksalstag und den Interaktionsraum der sich liebenden Paare – all das steht unzweifelhaft fest, ich bin zu Tränen gerührt... Die Zeit, die kommende Zeit ist wie eine von ihren Einwohnern verlassene und von ihren Energiequellen abgeschnittene Metropole. Werden Sie dergleichen reden – werden Sie weiterhin aus dem Zwielicht argumentieren? Jede Jahrhundertwende bietet eine Gelegenheit, das Realitätsprinzip in Frage zu stellen, das geschieht jedoch heute nicht mehr. Heute arbeiten die Leute.

Die narrativen und moralischen Leidenschaften, das philosophische animal rationale, sie blockieren buchstäblich das elektronische animal rationale, das tausendfach lebendiger und weniger signifikant ist. Wir haben Video-clips, Werbefilme und Vorspann-Abspannfilme, Informationssynopsen, Sportflashs, Dallas, sprich: das Fernsehen, alles, was man leicht, mit einem Minimum an Aufwand, auf kurzlebigen Filmen hin und herschalten kann. Aber wie die reine Malerei oder die reine Geschwindigkeit ist das pure Fernsehen nur schwer erträglich.

Die schönste Frau wäre die, für die ich auf das beschlagene Autofenster ein Bruchstück zeichnen würde. Ich würde in ihrem Blick eine Bruchliebe aufleuchten und eine Bruchkuß auf ihren Lippen sich abzeichnen sehen und wir würden in die leeren Alpen reisen, in diese Mondlandschaften, die so gut nach Mathematik riechen.

Rio.

Die Schwarzen und Indianer sind nicht nur Sklaven der Technologie der Weißen, sondern auch Sklaven ihrer eigenen Ursprungsnostalgie geworden. Sie müssen noch als Vorfahren und als Beweis für den mysteriösen und rituellen Ursprung der Menschengattung herhalten. Arbeitsteilung: die einen beuten sie physisch, die anderen kulturell aus, sie leben von ihrer Musik, ihrem Tanz und ihrer anthropologischen Beschreibung. Darin liegt kein Widerspruch, ganz im Gegenteil: die den Sklaven eigene, tiefe Mittäterschaft. Bei der Jagd ist das ganze Tier für etwas gut: das Fleisch, die Hörner, die Haut, das Blut, das Fell – selbst die Eingeweide werden noch dazu benutzt, die Zukunft aus ihnen herauszulesen, und die Maske wird der Gottheit als Emblem dienen.

Man kann über Brasilien sicher fröhlichere Betrachtungen anstellen, wie beispielsweise diese: daß ein Teil des Glücks und der

Sinnlichkeit, der Lebensmüdigkeit und der mütterlichen Verführung aller Dinge trotz der objektiven Misere genau aus dieser Situation des Aneinandergekettetseins von Herr und Knecht kommt, die bis zum Raub der Frauen und der Lebensenergie und bis zur Übernahme der rituellen Knechtschaftszeichen durch alle reicht. Hier rächt sich die kulturelle Ordnung an der politischen, etwas, was die westlichen Gesellschaften nicht mehr kennen, vielleicht, weil es ihnen an subtilen Sklaven fehlt. Hier bleibt die Zeit geschlossen, eine dem Leben förderliche Dauer in ihrem monotonen und kraftlosen Verlauf, in ihrer Promiskuität der Körper, der des Herrn und des Sklaven, selbst wenn der Herr den Sklaven quält, selbst, wenn der Sklave den Herrn verschlingt. Aber vielleicht kommt all das nur von der Hitze.

Die Hitze ist wie objektiver Schlaf. Schlafen ist gar nicht mehr nötig, weil sie einen schon in den Traum wie in eine verschleierte Form des Unbewußten einwickelt. Nichts wird hier verdrängt, alles geschieht in der unsinnigen Bewegtheit der Moleküle. So ist es in den Tropen: die Gewalt selbst ist träge, und das Unterbewußte nimmt die Form des Tanzes an. Von daher auch die Absurdität der Psychoanalyse in diesen Breitengraden. Es ist eine ausschließlich ans europäische Privileg gebundene Parodie und ein Teil des kolonialen Erbes. Aber was hat es bei uns wirklich mit dem Unbewußten auf sich?

Fantastisch an diesen mit Gold und Schnörkeln, mit ekstatischen Figuren und Stuckflammen überladenen Barockkirchen ist, daß ihre Künstler Himmel und Hölle, die Flammen der Ekstase und Agonie, mit Absicht vermischt haben. Deshalb finden wir das heute so schön. Diese groteske Verwirrung gefällt unserer eklektischen oder eher freizügigen Gesinnung, die weder an Himmel noch an Hölle glaubt, wogegen der Barock noch sehr wohl ans eine wie ans andere glaubte, und sicherlich noch mehr an die Hölle, gemäß seines Volksketzertums.

Ein Land, in dem sich die Schatten nicht drehen, wo sie nur größer oder kleiner werden, da die Sonne geradewegs in den Äquatorhimmel aufsteigt.

In der luxuriösen Frische von Ipanema hat jedes Haus seine Geheimpolizisten.

Brasilien wirkt auf die menschliche Gattung wie ein riesiges Chlorophyll. Erdakkumulator der Freude, des Überschwangs, der Müdigkeit, physischer und verführerischer Animalität, der Lebensüppigkeit und der politischen Farce. Wenn eines Tages die ganze Menschheit in Depression verfallen wird, kann sie sich dort regenerieren, genau wie sie sich eines Tages, dem Erstickungstod nahe, in Amazonien reanimieren lassen wird.

There ist no aphrodisiac like innocence.

Die Geschwindigkeit der Dinge, die einem entgehen, die sich plötzlich mit verrückter Geschwindigkeit, wie mit einer Rückstoßkraft versehen, entziehen, wie eine Seife, die einem in der Badewanne aus der Hand rutscht.

Nietzsche schlägt sich mit dem *Tod* Gottes herum, wir haben es nur mit dem *Verschwinden* des Politischen und der Geschichte zu tun. Dieses Verschwinden kann eine pathetische Gestalt annehmen

(Mai 1968), allerdings wohl zum letzten Mal. Mai 1968 leitet einen langen Prozeß ein, der nicht mehr durch geschichtliche Ereignisse charakterisiert ist. Deshalb werden jene, die ihn nicht erlebt haben, das, was heute in verwässerter Form vonstatten geht, nicht begreifen können, so wie jene, die den Tod Gottes nicht erlebt haben, nichts vom Wiedererstarken der Werte begreifen können.

Man errichtet eine Oper an der Bastille. Das Volk wird sie nicht mehr im Sturm einnehmen müssen, es wird sich in ihr an königlicher Musik weiden. Im übrigen wird es nicht hingehen – die kultivierten Leute werden dort sein und damit auf verblüffende Weise die Regel bestätigen, nach der die Privilegierten der Kunst oder dem Vergnügen bereitwillig Orte opfern, an denen sich andere geschlagen haben. Die Rechte ist im Unrecht, wenn sie dieses Projekt angreift: es ist nicht die schönste Grabstele der Revolution.

Die Nacht des Look in den Avenues von New York. Die Leute laufen herum, ohne einander anzusehen, wie bei einer Vernissage ohne Bilder. Das könnte der Engel der Vernichtung oder das «reine Fest» sein, wie Virilio vom «reinen Krieg» gesprochen hat – auf dem Bildschirm. Der einzige heiße Punkt ist die Klappe, durch die der Champagner fließt. Ein merkwürdig fieberhafter und größenwahnsinniger Stamm aus unterkühlten Freizügigen: Infrarotmetaphysik. Nichts im Blick, alles im Look, nichts in den Augen, alles in den Dezibels.

Milde der Piazza Navona im Dezember, mit ihren Azetyllampen und den Reflexen des türkisfarbenen Wassers auf den Pferden Berninis. Rein römische Schönheit. Auf dem Campo dei Fiori hat jemand frische Blumen zu Füßen der Statue von Giordano Bruno niedergelegt, der hier vor vier Jahrhunderten wegen Ketzerei verbrannt worden ist. Diese Treue des römischen Volkes ist rührend, wo sonst könnte man dergleichen finden? Die warme Dezembermenge verbreitet sich in den Straßen: die Milde von Weihnachten ist fast genauso süß wie in Brasilien. Die Stadt ist nur schön, wenn die Menschenmenge sie überfällt. All diese Menschen auf den Straßen vermitteln immer den Eindruck einer stillen Erhebung. Ein jeder marschiert im erleuchteten Dämpfer der Stimmen und Straßen. Alles transformiert sich in eine stumme Oper, in bühnenmäßige Geometrie, alles singt in diesem Teil der Stadt.

Römischer Abend. Die Frauen sind hier immer schöner als die Männer. Auf den ersten Eindruck sind alle Männer häßlich (lauter Produzenten und Regisseure) und alle Frauen schön (lauter Schauspielerinnen). Auf den zweiten Blick jedoch sind die Männer zwar häßlich, haben dafür aber Charakter, wohingegen jede Frau etwas Erotisches hat, dafür aber nichts Besonderes – eine reine Macho-Gesellschaft, die des Aufzugs. Der Ort des Mannes wird in seiner ganzen Breite, von einem Palast zum anderen, in der römischen Nacht inszeniert. Die schönste Frau, die ich kenne, heiratet einen reichen Regisseur, den Autor von 97 Drehbüchern. Das ist in der Horde des show-business Gesetz. Wie üblich fühle ich mich diesen Männern gegenüber fremd und solidarisch mit den Frauen, die so tun, als verachteten sie die Männer, nur um deren Aufmerksamkeit auf sich zu ziehen, wo sie ihnen doch im Grunde gleichgültig sind. Es muß angenehm sein, in so schönen, so naiven Körpern zu leben und sich von den Männern in ihrer ganzen Häßlichkeit, in ihrem Reichtum und ihrer Anmaßung dominieren zu lassen. Es muß wunderbar sein, eine Frau zu sein. Im Grunde liegt darin das Verführerische: die Frau sprengt alle Imagination. Je schöner sie ist, um so undenkbarer ist sie.

Die hellblauen Augen derjenigen, die Schmuck verkauft, in der Nähe des türkisblauen Wassers des Brunnens. Das Eis von Tre Scalini, gegen Tagesende. Die Kinder mit ihren versilberten Ballons. Die Mammas mit ihren schweren Familienwünschen im Dekolleté. Brüder und Schwestern umarmen sich unter der Maske der Liebe. Eine inzestuöse Stadt, mit ihren Domen und Obelisken. Die Formen der Architektur selbst sind inzustuös, mit ihren gewundenen Säulen, die in Spiralen zum Orgasmus von Himmel und Gärten aufsteigen.

A., Opfer ihrer übermäßigen Schönheit. Stumpfsinnig geworden, um diese einzigartige Schönheit ganz zum Tragen zu bringen. sie sieht traurig aus, aber sie ist es nicht wirklich, sie läßt sich teilnahmslos bewundern. Sogar ihr Lächeln sagt es klar: ich bin nichts, ich werde nur schön sein. Kann sie unter diesen Umständen Schauspielerin sein?

Es stimmt, daß die Männer diese Mischung aus Hysterie und Passivität, diese masochistische Ausstattung mögen, während sich heutzutage viele Frauen aus ihrer Intelligenz eine sadistische Aufmachung basteln. Dennoch finde ich, daß A. in ihrer ekstatischen Unterwerfung übertreibt: sie gehorcht zu gut der Regel, nur sich selbst zu bewundern. Wie kann sie unter diesen Umständen Psychologin sein?

Nichts tut sich mit diesen Italienerinnen, weil alles im voraus, in einer Art inzestuöser Streichelei und affektierter Lebhaftigkeit, die die Zärtlichkeit ausschließt, durchgespielt wird. Verführungsspiele, höfische Manieren, Freizügigkeit bei unterschwelliger Grausamkeit. Sie nähern sich einem wie auf einer Bühne, aber sie können nicht in

Ohnmacht fallen. Sie haben den Mann in den Machismo getrieben und all diese weltweiten Mastroiannis hervorgebracht. Das hat mit Feminismus wenig zu tun, auch wenn sie es behaupten. Sie sind sehr viel mehr als von Liebe von Eifersucht besessen; sie provozieren sie, empfinden sie ständig; mit Ausdauer und Hartnäckigkeit wird sie von ihnen kultiviert. Sie leben als Witwen, Töchter, Schwestern, Mütter, als Stamm – nie als Frau. Und vor allem als Witwe: den Mann bewundern sie als Toten, Hingerafften, Erstickenden, Medusierten, von ihrer Weiblichkeit Erdrückten. Im Theater ihrer Weiblichkeit.

Noch um fünf Uhr früh erschöpft sich ihre ganze Energie darin, den Orgasmus in den Diskurs einzubringen.

Weder Enttäuschung noch Ausnahme mit den Frauen: alle sind ab dem Moment, da man sie bittet, nur Frau zu sein, außergewöhnlich, das heißt, sie rivalisieren mit allen anderen. Verachtung der Liebe: der Charme einer einzigen steht für die eifersüchtige Abwesenheit aller anderen – die Besonderheit einer einzigen für die wunderbare Fremdheit aller.

Eine Gesellschaft wie die italienische, deren Unordnung selbst das Handeln des Staates sinnlos und lächerlich erscheinen läßt, ist nicht ohne Reiz; sie hilft uns, die politische Wahrheit zu erfassen, daß die Hauptaufgabe des Staates heute darin liegt, seine eigene Existenz zu rechtfertigen. Dazu muß jedoch die Fähigkeit der Gesellschaft, aus eigener Kraft zu überleben, annulliert werden. Der Staat untergräbt sachte jede spontane Selbstregulierung, wirft sie aus der Bahn und desozialisiert sie und zerstört damit die traditionellen Mechanismen der Körper und Antikörper, um sie durch künstliche Mechanismen zu ersetzen – darin liegt die Strategie des Staates im subtilen Kampf mit der Gesellschaft – genau wie die Medizin von der Zerstörung der natürlichen Abwehrkräfte und ihrem künstlichen Ersatz lebt.

In Rom gelingt es Niccolini, die Terroristenplage durch kulturellen Aufschwung zu bannen. Den Römern, die abends nicht mehr auszugehen wagen, offeriert er Feste. Performances, poetische Treffen, er bringt die Kultur auf die Straße. Er bekämpft das terroristische Fest mit dem kulturellen und Eigenwerbung treibenden Fest. Es wird ihm vorgeworfen, sinnlos Geld zu verschleudern. Die einzige Art, gegen den Terrorismus zu kämpfen, ist jedoch nicht die, «feste Institutionen», sondern selbst eine so selbstaufopfernde, exzentrische und aussichtslose Kultur wie die der Terroristen zu schaffen. Ein Fest gegen das andere. Wenn der Terrorismus eine Art tödlicher Werbung ist, die die Vorstellungskraft in Atem hält, kann er nur durch einen noch größeren Werbeeffekt gebannt werden.

Einst war die Rechte pessimistisch und die Linke unumstößlich optimistisch. Heute finden wir bei der Rechten einen «sonnenhaften» Liberalismus und bei der Linken die traurigen Tropen.

Wenn es der Anspruch des italienischen Terrorismus ist, den Staat zu destabilisieren, dann ist er absurd: der ist bereits dermaßen inexistent, daß es witzlos ist, ihn noch weiter reduzieren zu wollen. Oder liegt darin das perverse Verlangen, *zu viel* tun zu wollen – woraus Ordnung und Staat gestärkt hervorgehen oder wenigstens auf ihre Fragilität ständig hingewiesen werden könnten. Vielleicht ist das der Traum der Terroristen. Sie träumen von einem unsterblichen Feind. Denn wenn da keiner mehr ist, wen sollte man dann noch zerstören? Solche Tautologien lassen sich nicht erfinden. Der Terrorismus gibt einen Sachverhalt doppelt wieder. Und seine endgültige Lektion ist syllogistisch: wenn der Staat tatsächlich existierte, gäbe er dem Terrorismus politischen Sinn. Da der offensichtlich aber sinnlos ist, ist der Beweis erbracht, daß der Staat nicht existiert.

Kann man sich entzauberte soziale Bewegungen vorstellen? Dabei stark und ununterdrückbar? Wie sähe eine zutiefst pessimistische, illusionslose, zynische, aber energische politische Strategie aus, die die fatale Lage der öffentlichen Angelegenheiten offen herausfordern würde, anstatt sich erfolglos in ihrer Verschleierung zu erschöpfen, nicht ohne uns politisch zu Idioten zu machen?

Wir sind zu einem weichen und ekligen Untergang verdammt, einfach, weil wir nicht fähig sind, die Dinge ohne Mitleid und sentimentale Haltung anzugehen, die nur eine sentimentale Politik ergeben kann. Man muß die psychologische Misere durchbrechen, die heute zur Krise der Kultur gehört; jeder muß sich daran beteiligen, um den Pessimismus als unmoralisch zu verdammen. Diese Unmoralität ist unsere letzte Chance. Warum sollte diese Situation andererseits überhaupt gelöst werden?

Vielleicht wäre es besser, wenn die politische Sphäre endlich aufhörte zu verfaulen. Wir befinden uns nicht mehr in einer primitiven Gesellschaft, in der man im Wissen um die Ursachen die Fäulnis des Körpers beschleunigt, um ihn so schnell als möglich des Todes würdig werden zu lassen. Wir würzen die Fäulnis, die Entnervung, die Anmutslosigkeit und Trauer unserer Energien.

Die Erbärmlichkeit unserer politischen Situation ist heutzutage die einzig wirkliche Herausforderung. Nur die verzweifelte Infragestellung dieser Situation kann uns weiterbringen. Wir müssen die Energie der Katastrophen wie die von Flut, Sonne und Erdbeben nutzen. Wenn die Bodenschätze und die stabilen Energien zu Ende gehen, muß man zu den Energien des Bruchs, der Seismischen und des Bruchstückhaften Zuflucht nehmen. Vielleicht werden wir eines

Tages sogar aus der Nacht Energie holen? Dasselbe gilt für die geistigen Energien: wenn die positiven Energien zu Ende gehen, muß man darauf hoffen, daß sich das Ereignis aus seiner diabolischen Umkehrung, aus maximalem Ungleichgewicht und Überstürzung ergibt. Eine fatale, aber aktuelle Strategie. Ist die Energie nicht selbst eine Form der Katastrophe?

Die automatische Rückkehr des Schreibmaschinenwagens, die elektronische Sicherung der vier Autotüren, das sind Dinge, die zählen. Der Rest ist Theorie und Literatur.

Der Raum ist das, was bewirkt, daß nichts mehr am selben Platz ist. Sprache ist das, was bewirkt, daß alles nicht mehr dasselbe bedeutet.

Die von mir getrennte Hand träumt davon, eine Brust zu halten. Nichts füllt die Hand besser als eine Brust. Ein Stereotyp sadistischer Milde.

Dieses Tagebuch entfaltet sich, wie sein Name sagt, im Laufe der Zeit. Dennoch wird er von etwas bestimmt, was ihm vorausgegangen ist, und das sein geheimes Ereignis ausmacht.

Die Feste zum Jahresende werden mehr und mehr zum gängigen Lärm, da wir im elektronischen Zeitalter nicht mehr die Geburt des Christkindes und nicht einmal mehr Eis und Schnee, die jeden in seiner Intimität isolieren und das Blut in den Adern dick werden lassen, in Anschlag bringen können; der Sabbat des Jahresendes versetzt die Leute in Angst, weil sie die Länge der kommenden zwölf Monate, die man nacheinander destillieren können muß, auf sich lasten fühlen. Die heutige Dauer ist wie ein Kind: sie will zu lange ausgetragen werden, sie braucht zu lange zum Wachsen, man möchte sie jetzt sofort genießen, man möchte das kommende Jahrhundert im Zeitraffer vorwegnehmen. Denken Sie an die Ungeduld des Jahres 2000, dieses ganzen Jahrtausends, das zu durchlaufen sein wird, während uns schon die Neugierde auf das Jahr 2020 auffrißt und wir darüber enttäuscht sind, was uns 86 erwartet. Die Feste zur Jahrtausendfeier müssen rauschend sein, um die Langeweile des nächsten Jahrhunderts zu vertreiben.

Wenn wir wüßten, daß es nur noch um hundert oder zweihundert Jahre ginge, gäbe das dem Ganzen noch einmal Pfiff. Nichts ist so günstig wie eine Katastrophe, um das Jahrtausend einzuleiten: sie erneuert die Zeit, wie ein Wasserfall das abgestandene Wasser erneuert. Uns wird die Zeit fehlen, die reale Zeit. Wenn das Jahr 2000 nicht stattfindet, dann, weil die Zeit einfach verschwunden sein wird wie in gewissen Breitengraden der Winter. Das ist freilich nur ein Traum. Ich glaube, daß wir, um dorthin zu gelangen, nicht über genügend Reserven verfügen, daß die Enttäuschung des Jahres 1000 – nicht das Ende der Welt zu sein – sich im Jahr 2000 wiederholen wird.

Man muß gleichzeitig total vital und total irreal sein.

Jede Beschleunigung erzeugt gleiche und sogar bessere Masse. Jede Mobilisierung erbringt gleiche oder sogar größere Immobilität. Jede Differenzierung produziert gleiche oder noch größere Indifferenz. Jede Geschwindigkeit produziert gleiche oder noch größere Trägheit. Nicht nötig zu bremsen. Kein Bedarf an einer Bremsmaschine. Im übrigen hat es eine solche nie gegeben. Es gibt nur

Beschleunigungsmaschinen. Oder solche zur Entbeschleunigung, was nicht dasselbe ist. Aber keine zum Verlangsamen, da keine Maschine sowas produzieren kann. Das können nur die Sprache, die Musik und der Körper.

Wie sollte man aus der Neuronenperspektive der materiellen Einschreibung von Gedächtnisspuren, wie und wo, in welchen Windungen und in welchem Spiel der Zeilen oder Synapsen, an welcher Kreuzung von Licht und zerebraler Energie, die bleiche Erinnerung erklären, die ein Traum hinterläßt, diesen geistigen, ganz affektiven Widerschein, von dem im Gedächtnis nichts übrigbleibt? Wie sollte man erklären, daß wir, lästig und genau, das Echo dieser Musik im Kopf haben, von der wir doch nicht eine Note oder ein Wort wiederfinden können? Oder auch nur das Timbre einer Stimme, *ohne Stimme*? Welche Mikrowellen tragen die Gesichtszüge oder den Blick, den man *spürt,* sogar wenn man die Augen nicht geschlossen hat, dieses rein geistige Bild, ein Bild ohne Gesicht – welche Reaktion oder Abreaktion molekularer Biochemie kann diese rein poetische Verdoppelung wiedergeben?

Der Winter ist ein pathetisches Ereignis. Man hofft, daß die Kälte bis zu −20 oder −30 Grad fällt und die Welt auf frischer Tat ertappt und einfriert. Wir träumen nicht mehr von Höllenflammen – viel zu naiv. Wir träumen nicht mehr von Reinigung durch Feuer, sondern von Katharsis durch Kälte. In unserer Zeit der Tropikalisierung der Sitten träumen wir von kristallinen und tiefgefrorenen Formen. Wie in *Quintett,* diesem wunderbaren Film, der in den Spuren der Weltausstellung von Montreal gedreht wurde, in dem menschlichen Wesen wie Stalaktiten in der Transparenz des Eises Schach spielten.

Berliner Zoo. Schönheit der exilierten Tiere unterm Schnee, die wie im Dschungel um künstliche Felsen herumlaufen, in traumhafter Langsamkeit, auch wenn es nur die der Resignation ist. Die australischen Ureinwohner haben dieselbe Langsamkeit, diese verträumte Unbeweglichkeit der Dreamtime. Die Hektik der Menschengattung betrifft sie nicht.

Der Schnee bringt die natürliche Dunkelheit der Tiere erst zum Tragen. Das Weiß paßt zu den Raubkatzen. Die Tiermorphologie ist so seltsam (wer hätte sich je einen Elefanten ausdenken können?), daß man gezwungen ist zu denken, daß jemand unter der Maske, wie Canetti sagte, mit uns seinen Spaß treibt und sich verkleidet, um die Wahrheit zu verbergen. Die Tiere sind näher als wir an Maske und Metamorphose. Natürlicher und perfekter verkleidet. Die Möglichkeiten des Menschen, sowohl in Unterwerfung als in Schlauheit, sind geringer. Er wird nie die Schönheit einer Raubkatze im Schnee noch die leichte Melancholie eines grauen Elefanten noch den Scharfsinn der grünen Ameisen erreichen.

Steigenberger Hof 502. Abflug fünf. Zweimal hoch. Seltsam genug warnt sie mich nach dem Abschluß. Sekt. Wunderweiße Laken. Wundersamer Eindruck: sie bleibt im Hotelbett liegen (wo sie doch in der Stadt wohnt), ich fliege. Da, wo ich schlafen sollte, wird sie schlafen (da, wo es war, soll ich werden). Sie wartet dort vielleicht noch. Sie hat dunkle, große Augen, die aber im Dunkeln und in der Liebe blau werden und sich chinesisch verschmälern. Keine Initiale leuchten an ihrem Schenkel – sollte sie mir nicht unterworfen sein? Oder wurde sie nicht erregt? Sie war es, ihre Lippen wurden üppig feucht. Was sie an mir erregt: Befremdung, Simulakrum, Immaterialität. Was mich an ihr erregt: milchige Haut, anschauliche Karnalität. Ich kam mir vor wie Arthur Miller in den Armen Marilyn Monroes. Süße Tänzerin, süße Performanzerin, süße weiße Hündin. Im Grunde hat sie mich verführt. Als sie im

Loft ihren Arm zärtlich von hinten mir um die Schulter legte, wußte ich von vornherein, nach drei Jahren, daß sie da war. Wortlose Vertrautheit. Es lief alles schnell, wie in einem Polaroid, besser nicht fragen. Ihre Haut war die zarte Filmhaut, und ich zerriß ihre Wangen wie ein zartes Stundennetz. *(Im Original deutsch.)*

Gewisse Frauen lieben wir nicht, wie wir es gerne täten, oder wie sie es gerne hätten. Lieber vergewaltigen wir sie und richten sie zugrunde.

Die Überraschungen des Denkens ähneln denen der Liebe: sie nutzen sich ab. Man kann aber auch in diesem Bereich die Erfüllung seiner ehelichen Pflichten lange fortsetzen.

Rom Berlin Sydney New York Rio. Mein Sekretariat wird größer, mein Regenbogen auch. Die Nacht, die sich auf alle Städte der Welt zu gleicher Zeit senkt, ist noch nicht gekommen. Die Sonne, die alle Städte der Welt zugleich bescheint, ist noch nicht aufgegangen.

Jede Frau ist wie eine Zeitverschiebung, sie ist ein nächtliches Fragment deiner Reise, sie treibt dich unermüdlich in die nächste Nacht.

Gewisse Frauen haben sich als kongolesische Pirogen oder aleutische Perlen kostümiert, warum verkleiden sie sich nicht als Zeitverschiebung oder sogar als Trunkenheit der Reise? Überall, wo es Vergnügen gibt, gibt es eine verkleidete Frau, deren Züge sich verloren haben oder die sich in die Trunkenheit der Dinge metamorphorisiert hat. Überall gibt es eine Frau, die stirbt.

Die merkwürdige Geschichte der beiden Autos, die mitten in der Nacht auf der Autobahn zusammenstoßen. Die beiden Fahrer sind auf der Stelle tot – sie waren Mann und Frau. In dieser komischen Koinzidenz liegt etwas von den Geschichten Alphonse Allais (*Un drame bien parisien*): sie stürzen sich aufeinander, um sich gegenseitig die Masken herunter zu reißen, dabei ist es weder der eine noch der andere. Überraschend an dieser Nachricht ist die hohe Unwahrscheinlichkeit eines solchen Unfalls zwischen Frau und Mann und gleichzeitig die hohe Wahrscheinlichkeit einer solchen Begegnung (Mann und Frau sind dazu da, ihrer Begegnung entgegenzustürzen). Wie eine schon einmal erlebte Episode hat sie für die Vorstellungskraft absolute Evidenz. Wie wenn die Null beim Roulette dreißigmal hintereinander kommt. An einer so schönen Verkettung fesselt uns der Umstand, daß die Weltordnung sich in ihrer ganzen Strenge und nicht in ihrer weichen Wahrscheinlichkeit vollzieht. Jeder beliebige Verkehrsunfall ergibt sich aus einer unbestimmten Serie von Koinzidenzen, es sind eben nur Unfälle. Das hier ist ein Verbrechen, wenn auch kein Verbrechen aus Leidenschaft. Man wird nie erfahren, ob die Frau, in Kenntnis gesetzt von der schuldhaften Liaison ihres Mannes in der Nachbarstadt, ihn einzuholen suchte und irrtümlicherweise unter der emotionalen Belastung die falsche Spur der Autobahn erwischt hat, oder ob sie, wohl wissend, daß er von selbst wiederkommen würde, absichtlich falsch gefahren ist, um ihr Auto auf das seine prallen zu lassen, – wie hätte sie andererseits wissen sollen, daß genau dieses das seine war? (Und doch war, da sie die Abfahrtszeit kannte, auf dieser verlassenen Straße um zwei Uhr morgens die Wahrscheinlichkeit ziemlich hoch) – oder ob sie in voller Absicht Selbstmord begangen hat, wofür sie das nächstbeste Auto, das ihr entgegenkam, benutzt hat.

Verbot sich abzukoppeln, im aktiven, interaktiven sozialen Leben, aber auch auf dem Sterbebett: Verbot, die Schläuche herauszuziehen, selbst, wenn man dazu Lust hat. Das Verbrechen liegt nicht im Attentat, das man am Leben verübt – wen kümmert das –, sondern im Attentat auf die Medizin, auf die Spitzentechnologien, die sich zunächst um ihr eigenes Heil kümmern. Das Prinzip des Netzes beinhaltet die absolute moralische Verpflichtung, angeschlossen zu bleiben.

Der Terror ist Teil des Wahrheitsbegriffs, wie das Tropfen zum Begriff des Eingemachten gehört. Wir würden die Konfitüre nicht mögen, wenn es nicht in ihrer Natur läge, herabzurinnen. Wir würden die Wahrheit nicht lieben, wenn sie nicht klebrig wäre, wenn nicht früher oder später Blut von ihr herabtropfte.

Bis zum Schwindel die sinnlose Objektivität der Dinge prüfen: Wissenschaft

Bis zum Schwindel die sinnlose Objektivität des Begehrens prüfen: sexuelle Befreiung

ein Objekt, an dem es nichts zu sehen gibt

ein Körper, an dem es nichts zu begehren gibt

Gleichgültigkeit gegenüber dem eigenen Leben hat eine besondere Anmut und das Geständnis dieser Gleichgültigkeit berührt einen mehr, wenn jemand zärtlich sagt: ich bin unfähig, Sie zu lieben, als wenn gesagt wird: ich liebe Sie, mit der ganzen Geziertheit, die zu diesem Ausspruch gehört. Manche lieben nur proportional zur Langeweile, die sie in sich tragen: solchen darf man auf keinen Fall ihre Langeweile wegnehmen. Dennoch liegt ein großer Unterschied zwischen realer Gleichgültigkeit und aufgesetzter: nur erstere berührt uns. Sie ist freilich sehr selten, fast ebenso wie die Schönheit oder Verrücktheit.

Ehrungen abzulehnen ist sinnlos – das hieße, ihnen zu viel Ehre zu erweisen. Die einzige Strategie läge darin, sich so zu verhalten, daß sie einem nie zukommen.

Eure deliziöse (und maliziöse) Gewißheit, schön zu sein, unterwirft nur euch selbst. Wie sollte man sie nehmen, um unterworfen zu werden?

Es scheint schwierig, der Frau seines Lebens zu begegnen, wenn man mehrere (Leben) hat. Schon mit einem Doppelleben...

Man sollte danach streben, bei den einfachen Leuten Ruhm zu genießen. Nichts reicht an den verstörten Blick der Metzgerin heran, die einen im Fernsehen gesehen hat.

Mit den Beinen im Eis wie rosa Flamingos, glaubten sie noch der Nabel der Welt zu sein.

Der Humanismus tut so, als betrachtete er den Wilden und die primitiven Rassen als ganz vollständige und vielleicht sogar überlegene Wesen (wegen ihrer Authentizität). Die ersten Humanisten, die wahren, von denen wir alle abstammen, sahen in den Kanaken Affen und gründeten die Definition des Humanismus auf rigorose Diskriminierung. Das war nicht eine Frage von Rassismus, sondern von Unterscheidung. Und die Affen zahlten es ihnen nicht übel heim, indem sie sich als die einzigen Menschen ausgaben. Die aktuelle Version, die eine Genossenschaft der Gattung zugleich auf biologischer und sentimentaler Ebene wiederaufbauen möchte, ist sicherlich die ärmste.

Wir sind immer irgendwie, auf irgendeine Weise, von unserem Unglück entfernt. Nur die Hysterie kann totales Unglück schaffen, das aber, einmal ausgesprochen, nicht mehr das ist, was es war. Aus demselben Grund ist das absolute Glück unmöglich, und die, die davon sprechen, müssen für heuchlerisch gehalten werden. In seinem erbärmlichen Zimmer in New Delhi, heiße Tränen vergießend (sicherlich mehr über die ihm angetane Schmach als wegen des verlorenen Gegenübers) findet S. noch immer die Kraft, sein Telefon zu fotografieren.

Die Haupttugend des sexuellen Akts, die darin liegt, den Körper in diesen Ausnahmezustand der Nacktheit zu versetzen, wird überflüssig, wenn diese Nacktheit von vornherein selbstverständlich ist. Liebe ist daher nur mit einem schüchternen Körper schön, mit einem Geschlecht, das seine Schüchternheit ins Spiel bringt. Deswegen ist es auch nur beim ersten Mal wirklich schön.

Ein negatives Urteil befriedigt einen noch mehr als ein Lob, vorausgesetzt, daß es nach Eifersucht riecht.

Sie hatten eine so gute Versicherung, daß sie, als ihr Landhaus abbrannte, ein noch viel älteres bauen konnten.

Das Unbewußte ist heutzutage sehr ernst, sogar ein wenig traurig, da ernste Dinge verdrängt werden, Sex, Tod, Libido, Wunsch. Wenn erst die Ironie und Unbekümmertheit verdrängt werden, welche Form wird das neue Unbewußte dann annehmen? Es wird ironisch werden, wir werden ironische und unbekümmerte Triebe und Phantasmen haben, die im Traum, im Versprecher, in der Neurose und im Wahn an die Oberfläche kommen. Ist es nicht irgendwie bereits so weit?

Das Fernsehen ist vielleicht nur erfunden worden, um auf schmackhaftem Umweg dem Bild seine Stille zurückzugeben.

Man muß sich natürlich unterwerfen, aber unter Dümmere als man selbst. Darin liegt das große Gesetz des politischen Universums. Das zeigt sich hervorragend in der UdSSR (Sinowjew berichtet von der pharaonenhaften Dämlichkeit der sowjetischen Führerfiguren, an die nur die pharaonenhafte Unterwürfigkeit der Sowjets selbst heranreicht), aber auch bei uns. Warum werden Marchais, Le Pen, Chirac und andere Hampelmänner subtileren Leuten vorgezogen? Warum dämmern sie nicht seit langem in ihrer Eselei dahin? Weil sie eben das beste Heilmittel gegen die Angst aller vor Herrschaft und Vormachtstellung der Intelligenz sind. Sie flößen unserer eigenen Torheit Mut ein, darin liegt ihre vitale Funktion, wie es einst die des Schamanen war. Wie sollte man die Dummheit bannen, wenn nicht durch größere Dummheit?

Auf den unversehrt gebliebenen Schaufensterscheiben, die seit zehn Jahren nicht mehr die geringste Spur einer Reinigung gesehen haben, haben Staub und Schmutz keine mehr als den Bruchteil eines Millimeters dicke Schicht angesetzt. Nicht mehr, als Wind und Regen in derselben Zeit von der Oberfläche der Felsen abtragen. Erosionen geschehen wie Ablagerungen in traumhafter Langsamkeit.

Seine Nase gefiel ihm nicht: er hat sie der Schönheitschirurgie anheimgegeben. Seine Seele gefiel ihm nicht: er hat sie der Psychoanalyse anvertraut. Aber das Schlimmste ist sein Sternzeichen. Er wäre so gerne Skorpion, Jungfrau oder Krebs. Jedes andere Zeichen als das seine, denn mit denen, die er liebt, steht es immer in negativer Konjunktion.

Zeichen, o gefräßiges Zeichen, was kann ich aus meinem Zeichen machen?

Glücklicherweise gibt es die Weltklinik für Sternzeichenlifting, in der man den Himmel und die Geburtsstunde erneuert bekommt, fragen Sie mich nicht wie. Man erhält ein neues Zeichen, in dieser Schicksalsklinik. Zeichen, o mein fatales Zeichen, du änderst dich, und ich bin nichts.

Mit einem ganz neuen Schicksal muß man sehr vorsichtig umgehen. Die Veredelung durch ein neues Zeichen ist zerbrechlich. Man muß auf den Aszendenten achtgeben und darf ihn nicht zu oft ändern. Auf keinen Fall darf man sich unter seinem Zeichen nackt zeigen.

Zeichen, o gefräßiges Zeichen, du verschlingst die fleischfressende Gesellschaft.

Man sagt, die Dummheit sei eine Beleidigung, eher aber ist es deren Erklärung. Ich verstehe sehr gut, daß man mir etwas erklärt, aber im Grunde bin ich mit denen im Bunde, die nie etwas verstehen werden. In mir schlummert ein Rohling, der über dieses Einverständnis lacht und wie wild über die Intelligenz herzieht, mit den anderen aber schmiede ich insgeheim gleichzeitig einen Pakt der Dummheit. Der Intellektuelle oder derjenige, der sich als solcher begreift (es gibt keine anderen), ist derjenige, der diesen Dummheitspakt gebrochen hat und sich befreit glaubt. Er rührt damit selbst ans Innerste der Dämlichkeit.

Wenn man über gewisse Dinge nur ausreichend spricht, materialisieren sie sich schließlich im Leben: Simulation, Verführung, Umkehrbarkeit, Gleichgültigkeit. Nach und nach organisiert sich das Leben wie eine Montage aus alledem, mit einer frei schwebenden Zirkulation von Frauen, Begriffen, Träumen und Reisen.

So geht die Schrift dem Leben voraus und bestimmt es. Dieses paßt sich schließlich an das bis dahin unbekümmerte Zeichen an. Deswegen haben sicher so viele Leute Angst vor dem Schreiben.

Man spricht von einer Anomalie des genetischen Kodes beim Pantoffeltierchen. Das ist hart für den Kodeinhaber. Wenn er nicht mehr umfassend ist, liegt das vielleicht daran, daß es heutzutage nicht mehr Mode ist, universal zu sein? Die Idee des genetischen Kodes unterliegt einer Zerreißprobe aufgrund des Zwangs zur Anpassung an den wissenschaftlichen Look. Allein der Kode der Mode triumphiert, weil er nicht nach Universalität strebt.

Eine noch schwindelerregendere Hypothese: die DNA *war* universal und eine Invariante; einmal demaskiert, fängt sie an, sich zu verändern, um die Untersuchungen irrezuleiten, sie desuniversalisiert sich, um die Karten durcheinander zu bringen. Aus Trotz oder Boshaftigkeit oder einfach aus Anpassung, wie es die Bakterien gegenüber den Antibiotika machen. Man sollte diese Fähigkeit der «objektiven» Prozesse, mit der Wissenschaft Versteck zu spielen, nicht unterschätzen. Man versteht von ihr und ihren Mißerfolgen nichts, wenn man ihre im Grunde natürliche Gerissenheit nicht berücksichtigt. Wenn alle menschlichen Rassen und Tiere ihr Verhalten ändern, sobald sie beobachtet werden, warum dann nicht auch der Molekularbereich?

Auf ihre Art wird die Wissenschaft die Utopie der Vernunft verwirklichen, die darauf abzielt, die Welt zum Subjekt zu machen. Es ist bereits geschehen, aber nicht so, wie man es sich erhofft hat: die Wissenschaft hat durch ihre Herumdokterei eine heimtückische Subjektivität geweckt. Sie hat sie aus ihrem Schlaf gerissen, wie die Ägyptologie die Pharaonen aus ihrer tausendjährigen Lethargie gerissen hat. Seither haben sie nicht aufgehört, sich zu rächen. Nichts garantiert uns, daß wir nicht unvorhersehbare Prozesse entfesseln werden (deren bisher nicht bekanntgegebene Formen unsere neuen Krankheiten sind), indem wir das Objekt in die Flucht treiben und dazu zwingen, sich in alle Richtungen nach unbekannten Virusstrategien zu metamorphorisieren – weil wir es dem Schatten und Schlaf entreißen.

So lautet ungefähr die gegenwärtige Philosophie: ein Polizist schlägt einen Immigranten auf der Dienststelle nieder – Kurzmeldung. Dieser Bulle hat Psychoprobleme – eine gesellschaftliche Tatsache. Wie kann die Gesellschaft menschlichen, allzu menschlichen Individuen, deren Psychologie man erst vor kurzem entdeckt hat, – den Bullen – die Ausübung legitimer Gewalt übertragen? Das ist ein wirkliches Problem (für die Journalisten). Der Einwanderer wird niedergeschlagen, man vergißt ihn, er gehört nicht zum Sozialen. Das Soziale beginnt mit der sozialen Psychologie und diese ist immer die des Bullen.

Dieselbe Umkehrung in der Affäre Greenpeace: daß die französischen Polizisten ein Boot, das im Wege war, mit einer Bombe versenkt haben, laßt uns schnell vergessen. Aber daß sich Mitglieder dieses gleichen Geheimdienstes bereit gefunden haben, die Operation an die Presse zu verraten und ihr Informationen zu liefern, ist das eigentliche Problem – man wird handeln müssen.

Wie schön wäre es, die Sonne von der Seite zu sehen!

Eine Tiefseewelle von zehn Metern Höhe überrollt uns, eine andere läuft ihr entgegen, die beiden vereinigen sich und tragen uns fort. Wir finden uns dennoch lebend auf einem Hügel zwischen Gebüsch wieder. Diese nächtliche Welle ist mir vertraut, in der einen oder anderen Form. Sie überschwemmt mich in regelmäßigen Abständen, ich hatte sie aber seit einiger Zeit nicht mehr gesehen (obwohl sich die Zeit nicht zwischen den Träumen abspielt; mir kommt es immer vor, als hätte ich sie erst am Abend zuvor gesehen). Keine Welle und keine Woge ist so schön wie diese schwarze und flüssige Ozeanmauer, die mich begraben wird. Oft leuchtet ihr Kamm, ihre Bedeutung ist gleich Null. Man kann mir von ihrer Bedeutung erzählen, was man will, in ihrem Eintreffen liegt das Wunder.

Die simulierenden Enzyme. Sie schaffen falsche biologische Ereignisse. Sie simulieren einen Virus, einen viralen Angriff, sie lösen so die Reaktion von Antikörpern aus, aber da diese kein Ziel haben, da es keinen Virus zu zerstören gibt, wenden sie sich gegen ihre eigene Quelle zurück. Laßt uns diesen Einbruch der Simulation in die Biologie feiern und, was kommen wird, abwarten.

Haben Sie bemerkt, daß immer weniger Fliegen und Wespen im Winter sterben? Draußen schneit es, aber die Fliege wärmt sich noch immer am Fenster, aus Gewohnheit, weil sie nichts anderes als den Sommer kennt. Selbst die jüngsten, die im Herbst Geschlüpften, lassen sich auf Scheiben nieder. Und kreisen ebenso hartnäckig in den modernen Wohnungen unter der Decke, stundenlang, rund um eine eingebildete Lampe. Sie vergessen zu sterben, das ist erschreckend, denn was wird geschehen, wenn die Fliegen den Sinn des Winters vergessen? Das Ausbleiben der Kälte bedroht schon seit zehn Jahren die Zypressen mit einer leukämischen Krankheit. Die schwarze Flamme der Zypressen verliert sich in der Gleichgültigkeit der Jahreszeiten. Glücklicherweise wurden sie in diesem Jahr durch einen eiskalten Winter, der auf einen Altweibersommer folgte, vor dem Untergang bewahrt.

Der Körper wird hinfort nichts anderes mehr als Behandlungsort von Psychoproblemen sein. Ich habe Schmerzen im Rücken, ich habe Zahnschmerzen, ich habe ein Geschwür, ich habe Krebs... was wird da unterschwellig mitkuriert? Der Körper hat keine andere Rechtfertigung mehr als psychologische Krisenmomente zu übersetzen. Er ist nurmehr ein pathologischer Blinker. Nur die Krankheiten setzen Zeichen. Er ist der Ausführende der niedrigen Werke.

Schon der Terminus der Sexualität ist eine Art chirurgischer Operation (F. George). Eine Kastration des Körpers durch seine operationelle Bezeichnung. Schon der Terminus der Kommunikation usw. Eine Junggesellenmaschine, die zu absoluter Parthenogenese fähig ist (letzter Stand der Dinge).

Nach einer Ära mondhafter Mortifikation treten wir in eine Ära sonnenhafter Mystifizierung ein.

Jedes große Denken ist wie ein Versprecher. Wenn Benjamin diesen erschreckenden Satz sagt: «Der Faschismus besteht aus zweierlei: dem eigentlichen Faschismus und dem Antifaschismus», fängt dann nicht das Denken zu rutschen an und rutscht über die Wahrheit hinaus, in die fundamentale Ambiguität des Diskurses hinein, die der politischen und ideologischen Erklärung weit überlegen ist und erklärt, warum es keine plausible Erklärung des Faschismus gibt, wogegen sich der Antifaschismus von selbst erklärt?

Welche Hypothese man auch immer aufstellt, so gibt der Faschismus doch mehr Probleme auf als der Antifaschismus. Mit einem Mal ist er interessanter und begreift den anderen mitein. Das besagt der Satz Benjamins. Man möge ihn nicht sagen lassen, was er nicht sagt. Man wird es ihn freilich trotzdem sagen lassen.

Ich brauche nicht einmal mehr Fenster, um die Reise zu verfolgen. Ich kann sie mir von Stunde zu Stunde erzählen, ich kann sie auswendig erleben, die Cañons, die Städte, den Widerschein der Wolken in den Flüssen, alles. Das Gedächtnis ist beflügelt, die Geschwindigkeit eine innere geworden. Das ist schade.

Es war sicherlich besser, daß diese nur unzüchtige und imaginäre Bekanntschaft mit ihrer sexuellen Lüsternheit und ihren Kettchen um die Fußknöchel, die sich überall abgespielt hat, in den Badlands, in Chelsea, in den Motels, im Sand, in den Leintüchern: immer sofort Liebe, in den folgenden Minuten, sie niemals gesättigt, dabei süß, biegsam und blond, mit sklavenhaft erhobenen Augen und der ans Geschlecht gelegten Hand, frei und unterwürfig, weiblich und muskulös, lächelnd und anbetend, mit tierischem Blut und metallischen Augen – es ist ganz natürlich, daß diese Beziehung mit einer pathetischen fellatio auf dem Balkon eines Motels im Morgennebel enden mußte, mit einem hypothetischen Kind, das sicherlich nicht von mir ist und das ich niemals zu Gesicht bekommen werde. Ich habe sogar ihren Namen vergessen, aber nicht den Strohgeruch ihres Geschlechts und auch nicht die Zwanzigdollarwette um Salz oder Schnee noch das plötzliche und menstruationshafte Bluten aus der Nase, das mich überfallen hat, als ich sie eines Morgens bei mir in ihrem ganzen kalifornischen Glanz auftauchen sah.

Winchester Story. Die Tochter des berühmten Winchester, Erbin von 15 000 Dollar täglich, erfährt, daß sie sterben soll, wenn der Bau ihres Hauses vollendet sein wird – als gerechte Rache für die Tausende von Opfern, die der berühmte Karabiner im Laufe des letzten Jahrhunderts im Westen gefordert hat. So macht sie sich wie Penelope daran, ein endloses Haus zu bauen und ihm immer neue Zimmer, Treppen und Nebengebäude hinzuzufügen. Sie stirbt schließlich in den 30er Jahren und hinterläßt dieses monströse Haus mit 150 Zimmern als Zeugnis des Holocausts des 19. Jahrhunderts.

Hier haben wir einen gelehrten Mann mit europäischer Kultur vor uns, der die Literaturabteilung einer großen Universität im Westen leitet. Er spricht wie fast alle seine Kollegen mit Verbitterung darüber, daß die Kultur nicht mehr ist, was sie einmal war, er hat kein Mitleid für die Massenkultur. Er kommt aus New York und verachtet im Grunde Kalifornien, seine Kollegen und den Niedergang der Sitten. 60 000 oder 80 000 Dollar pro Jahr, wenig Studenten und wenig Freunde. Viele Ideen, ehrlich, stolz und linkisch. Sein Geheimnis ist seine Pythonschlange. Ich sehe, wie er seine behandschuhte Hand ins Aquarium taucht und den Kopf des Reptils streichelt, das seine lebhafte Zunge hervorschnellen läßt und sich streckt, noch immer hungrig, obwohl es gerade eine Ratte verschlungen hat. Wir sprechen von der Diätetik der Schlangen. Eine Schildkröte schlummert in der Kaminecke, in der ein künstliches Holzfeuer brennt. Sonntag in Santa Monica. Gegen vier Uhr vertreibt die Sonne den Nebel vom Pazifik. Aber die Schlange weiß nichts von Tag oder Nacht, sie ist unsterblich und giftig und träumt, wie der Dichter sagt, auf den Hügeln des Himmels. Ihr Herr, dessen reptilienhaftes Gehirn sich mit dem ihrigen identifiziert, starrt sie dagegen lange an, während er sonst unfähig ist, Leuten ins Gesicht zu sehen. Ein perverses Paar, bei dem sich der Somnambulismus des Intellektuellen mit der inneren Nacht des Reptils vereint.

Santa Monica Melrose – Dialog auf einer Terrasse.

She: You are jealous? Are you jealous? You are fucking jealous!... Let me say... You are twenty and I am forty two, and I give my fucking ass to fucking anybody... Do you know that?

Er erhebt sich, wandert ziellos durch Melrose, kommt zurück, kniet vor ihr nieder (er ist jünger, aber ebenso theatralisch).

He: Do you love me? Do you love me?

She: Yes.. Yes, I love you...

Ein Italiener knetet meat-balls. Ein Indianer spielt Videogame, dessen helle Sonorisation die Unterhaltung durchkreuzt. Die Frau selbst spricht mit heller, hysterischer Stimme. In Los Angeles ist es im November gegen Mitternacht, auf der Terrasse von Melrose, mild. Jedermann lächelt irgendwie, keine Leidenschaft, eine amerikanische Szene.

Der Junge nimmt die Autoschlüssel und zieht die Frau hinter sich her, die ihre schwarzbekleideten Beine zeigt und so tut, als sei sie verrückt.

Ein Schwarzer steht auf und sagt lächelnd im Vorübergehen zu mir: Too love!

In einem schwarzen Porsche an der Küste entlangzugleiten, ist wie langsam in das Innere deines Körpers einzudringen.

Wie kann man die Abwesenheit von jemand anderem bedauern, während man von seiner Gegenwart befreit ist? Die Sprache sagt: jemandes Gegenwart bedauern, heißt gleichzeitig bedauern, daß er da ist und daß er nicht mehr da sein wird. Seine Abwesenheit bedauern, heißt bedauern, daß er nicht da ist und die Zeit bedauern, in der er nicht da war. Die Melancholie einer Abreise fördert diese Verwirrung der Gefühle.

Es stimmt, daß die Anwesenheit in ihrer Wirkung weniger heikel ist als die Abwesenheit. Es stimmt, daß man selten von jemandem in seiner Anwesenheit träumt. Ihn berühren und davon träumen, ihn zu berühren. Zu ihm sprechen und davon träumen, daß man zu ihm spricht. In anschauen und davon träumen, daß man ihn ansieht. Die Gegenwart des anderen muß wie ein Traum sein, sonst wird sie unerträglich. Die reine Anwesenheit ist unerträglich.

Borges – sein altes Gesicht einer aztekischen Frau, eines alten Gauners der Metapher, über das regungslos Magnesiumblitze huschen. Die Blinden sehen immer aus, als hielten sie den Kopf über Wasser. Sie haben eine Ader für Irrealität und Witz. Ich bin sicher, daß er auf zehn Personen genau die Zahl angeben kann, die ihm zuhört, einfach durch Hören oder Riechen. Der Vortrag ist null, aber eine Opferzeremonie. Die Zuhörer verschwinden vor der Intelligenz dieses Mannes, dessen Witz darin liegt, zu sprechen, als spräche er von jenseits des Grabes, als sei er bereits tot. Seine erstickte, abgehackte, kaum hörbare Stimme verurteilt die anderen zum Schweigen, wie er selbst zur Nacht verurteilt ist. Alle Metaphern, die er benutzt, sind die der Nacht, einschließlich die von tausendundeiner Nacht, die schönste, da sie zur Ewigkeit hinzukommt. Er befindet sich ebenfalls in seinem vierundachtzigsten und einem Jahr, das heißt, mit einem Bein in der Ewigkeit. Um ihn herum herrscht eine grausame und ironische Geziertheit, ich weiß nicht, welchem Tier er gleicht. Er mag den Tiger. Stellen Sie einen Tiger in Ihre

Bibliothek und nehmen Sie ihm das Augenlicht: da haben Sie Borges. In diese Vegetation weicher Gehirne kalifornischer Akademiker gräbt sein Schweigen tödliche Spiralen. Er zitiert die Welt, weil er sie nicht mehr sieht. Seine ganze Rede ist nur Zitat. «Life is a quotation», sagt er.

Die Mädchen mit den Füßen im kalten Wasser stoßen Möwenschreie aus. Sie werden übrigens sofort selbst zu Möwen, im obskuren Objekt der Begierde, wackelnd und sich aufplusternd wie der Vogel Strauß am Ende von Buñuels Film. Der Sommer ist da.

Ich hatte große Angst, daß sie enttäuscht wäre, und ich hätte ihr nie verziehen. Ich werde niemandem ein herablassendes oder verächtliches Urteil über Amerika verzeihen.

Sie stehen im Zentrum der Welt und sie wissen es nicht. Sie stehen lieber im Zentrum der Bücher und der Erde.

Nur die Sequoias haben diese heroische, fabelhafte, vorsintflutliche Statur vom Anfang der Welt als Zeitgenossen der großen prähistorischen Tiere. Ihre schuppige Rinde gleicht außerdem einem Panzer. Als einzige Bäume könne sie im geologischen und mineralischen Szenario der Wüste mithalten. Nach ihnen haben sich die kleinen Gattungen durchgesetzt.

Selbst in einem sehr großen Bett schläft sie an der äußersten Kante, und ihr leichter Körper hinterläßt keine Spur. Es gelingt mir nicht, diesen zerbrechlichen und fernen Körper zu zähmen.

Mir wird nur eine kurze Umarmung mit langen Unterbrechungen erlaubt, noch immer tut sie ihre Beine nicht auseinander. Sie küßt mich nicht, streichelt mich nicht. Und dennoch hat sie etwas Zärtliches, Tierisches, Schalkhaftes.

Sie spricht oft überstürzt, als müsse sie den Satz beenden, bevor sie vor ihm Angst bekommt. Sie weiß nicht, wie sie sich verliebt geben soll, wo sie es gar nicht ist. Sie verführt gerne, in Gesellschaft lacht sie, ich existiere für sie nicht mehr. Sie betont den Abstand. Ich weiß nicht, wie ich sie vergewaltigen soll, ich habe nicht mehr den Mut, es zu tun. Die Situation ist unlösbar.

Von Zeit zu Zeit spüre ich sie nicht mehr neben mir, ich drehe mich um in dem Gefühl, daß sie nicht mehr da ist, und sie ist tatsächlich verschwunden. Ein wenig wie in der Geschichte des Zauberkünstlers, der, durch den Beifall aufmerksam geworden, sich umdreht und merkt, daß die Frau, die neben ihm stand, sich aufgelöst hat. Wenn ich sie berühre, dann nur, um mich zu vergewissern, daß sie existiert. Dann wird ein Blick folgen, und dann mit unendlicher Geduld ein Körper und vielleicht sogar ein wenig Lust. Aber dieser wenig wahrscheinliche Zufall tut, anstatt uns näherzubringen, sofort einen Abgrund zwischen uns auf.

Sobald jemand da ist, wird sie feindselig, widerspricht mir in allem und will mit mir nichts mehr zu tun haben. Sie will nicht so aussehen, als sei sie mit mir verbunden, was sie ja auch nicht ist. Sie ist mit nichts verbunden, nicht mal mit ihrem Körper, der dabei weich und verführerisch ist. Physisch einziehbar, provoziert sie umso besser. Manchmal gähnt sie, was auf furchtsame Aggressivität und überstürzten Rückzug auf sich selbst hindeutet.

Sie hat alles, um gehegt und gestreichelt zu werden, aber sie will es nicht. Sie konnte dem kein Kind machen, dem sie eines machen wollte, aber es ist ihr auf magische Weise gelungen, das

Kind zu vernichten, das er mit einer anderen hatte. Eigentlich ist sie Jungfrau, die Jungfräulichkeit einer Frau bleibt ein bewundernswertes Kapital.

Sie macht alles leicht und anmutig. Ich mag diese negative Grazie, aber jedes sexuelle Unterfangen mit ihr ist ein Akt der Verzweiflung (man sagt das vom sexuellen Akt im allgemeinen, aber ich habe es nicht geglaubt).

Sie macht alles gegen ihren Körper. Selbst das Sprechen. Der Satz stürzt hervor und entgeht einem, sie punktiert sich mit einem leichten, spitzen Lachen, um sich außer Reichweite zu bringen, ein trauriges und perliges Nymphenlachen von künstlicher und unglücklicher Begeisterung.

Sie hält sich für Marie Stuart oder Mary Shelley und sie ist es sicherlich auch. Sie träumt bestimmt davon, in einem roten dekolletierten Kleid enthauptet zu werden. Das oder nichts. Die meiste Zeit nichts. Sie akzeptiert nur, was imstande ist, sie zu verführen, sie verweigert, was sie zum Spielen bringen könnte. Sie will weder genommen noch fotografiert werden, das sind indiskrete Akte, sie braucht Leidenschaft und Delikatesse und vielleicht etwas anderes, wovon sie nie sprechen wird.

Bei den einzigen Fotos, die ich von ihr gemacht habe, an einem wunderbaren Tag am Strand, stellte sich beim Entwickeln heraus, daß der ganze Film auf unerklärliche Weise nicht belichtet worden ist. Sie wollte nicht fotografiert werden, und so wurde sie es nicht. Das gehört zu ihrer Hexerei. Ihre Kunst ist die des Verschwindens. Oder sie existiert so wenig, daß sie nicht einmal den Film beeindruckt.

Ihr Gesicht bleibt abgewandt, abwesend auf dem Kissen, als brächte man sie gegen ihren Willen zum Genießen. Ein katzenhafter und widersprüchlicher Tanz, um einander zu entgehen, besonders nachts, wo die Bewegungen des Körpers sich schließlich ineinanderfügen. Ein Bein, das sich bewegt, verändert den Atem des anderen, eine negative elektrische Ladung verbindet die Körper bis in den

Schlaf hinein. Wie in der chinesischen Version des Duells im Schatten, bei dem die Körper peinlich darauf bedacht sind, sich nicht zu berühren und sich dabei doch so nah wie möglich nebeneinander zu entfalten, so daß sie trotz allem einen verliebten Raum beschreiben, den aber niemand mehr zu überschreiten wagt. Wie ich mir geschworen habe, nichts ohne ein Zeichen der Zuneigung, ohne eine Spur von Schwäche zu unternehmen; wir sind jetzt wirklich weit voneinander entfernt, und ich berühre sie nicht mehr.

Ursprungssituation: der erste, der das Schweigen bricht, ist verloren, der erste, der den Spiegel zerbricht, verliert das Gesicht. Die Situation hebt die unmögliche Vergewaltigung und die schweigende Herausforderung auf. Es fehlt der Szene an Gewalt (man macht nicht 10 000 Kilometer, um sich Szenen zu machen), wir sind nur damit beschäftigt, nacheinander die Fäden zu lösen, die uns aneinanderbinden, ohne einen zu zerreißen. Das Härteste wäre, diese heikle Zeremonie zu Ende zu führen und sie ohne Aufsehen zu beenden. Denn nichts wird gesagt (wir sind sehr stark in der Diskretion). Es ist, als ob all das nicht existierte. Nichts, absolut nichts trennt uns. Hinter dieser Fassade der Gleichgültigkeit bin ich vielleicht ein Monster an Zärtlichkeit und sie ist ein Monster an Sinnlichkeit? Oder umgekehrt. Wer weiß? Das wird vielleicht in einer anderen Welt, in einem anderen Leben, in einer Orgie oder einem sentimentalen Chaos enden. Im Moment gleichen wir eher Tristan und Isolde, Gott hat sein Schwert als Zeichen der Keuschheit zwischen uns gepflanzt. Aufgebrochen vor zehn Jahren, steht sie schon auf der anderen Seite der Nacht. Während ich kaum in sie eingetreten bin, tritt sie schon auf der anderen Seite von Island daraus hervor. So trennt uns in diesem Moment der geographische Raum einer Nacht. Noch mehr Nächte haben uns getrennt, die nichts Geographisches hatten. Diese nächtliche Trennung durch Zeitverschiebung ist glücklicherweise poetisch und macht die anderen wieder gut. Diese Nacht, diese letzte da, ist uns gelungen.

Fantomhafte Bewegung der Pariser Stämme. Sehen Sie sich nur die Menge an, die sich in die (kalte und regnerische) Frühlingsnacht stürzt, hin zu den Stadtwüsten von La Villette, um der Eröffnungsfeier der Biennale beizuwohnen und dann, nach Beendigung, massenhaft wieder zurückzufluten, zur Eröffnung der Buchmesse im Grand Palais, und Paris im Pulk von zweitausend (immer denselben) Personen durchquert, die, nachdem sie in der Jahrmarktspromiskuität und der Büchereitelkeit kommuniziert haben, gegen Mitternacht in den wenigen Restaurants von Montparnasse sich am Ende einer dritten kollektiven Migration befinden werden, mit dem Stammeszeichen versehen. Vielleicht mit einigen Ministern als Vorhut, immer gefolgt von einer Horde von Journalisten. Aus der Folge der Einladungen kann man von vornherein jeden Abend die Flugbahn dieser fauna culturalis durch die nächtlichen Ereignisse ersehen und mit Feuern begleiten, wie man einst unbeirrbar der Spur öffentlicher Demonstrationen folgen konnte.

Der Computer wird überall den Denkvorgang ersetzen, er läßt das Gehirn brachliegen, wie die mechanistischen Technologien des 19. Jahrhunderts den Körper. Die Menschen werden mehr und mehr zu Zombies. Man könnte sagen, daß sie schon gehirnlos geworden sind und nur mehr mit dem Rückenmark funktionieren.

Manager sind wie Jogger. Wenn man sie anhält, trippeln sie auf der Stelle weiter. Wenn man einen Manager aus seinem Business reißt, trippelt und stampft er weiter und spricht von Geschäften. Er wird nie aufhören, anzuöden, zu entscheiden und auszuführen.

Daß alles zum Verschwinden verurteilt ist, löst in uns ein unerträgliches Gefühl aus. Dieses Gefühl ist es um so stärker, wenn es der Tod ist, der verschwindet...

Ende des imaginären Bruchs. Unmöglich für Kinder, ihre Familien zu verlassen. Dasselbe gilt für die Paare: man verläßt sich nicht mehr – warum sich verlassen, es ist doch anderswo nicht anders. Man teilt sich seine gegenseitige Gleichgültigkeit mit. Dasselbe gilt für die politische Konjunktur. Wer auch immer an der Regierung ist, soll nicht abgelöst werden, denn jede alternative Illusion ist gestorben. So zieht in die politische Beziehung dieselbe eheliche Neurose ein wie in die des Paares oder neuer Generationen. Der Preis dafür ist schwache Intensität, kleinere Forderungen, klimatisierte Intelligenz, die die Schwelle des Bruchs nicht zu überschreiten erlauben.

Unternehme ich all diese Reisen nur, um nie die Wohnung wechseln zu müssen? Aus Mangel an vertikalem Bruch finde ich einen horizontalen modus vivendi, indem ich von einem Horizont zum anderen gehe, ohne die Lage, in der ich mich befinde, zu überschreiten. Alle Situationen entwickeln sich nach dem Modell der Psychoanalyse: unbeendbar. Regulierbare Dispositive, Minimalveränderungen, kleine Korrekturen des Verlaufs, das ist das Leben von heute, so daß es von Psychologie und Genetik in weiche Psychologie und horizontale Pragmatik übergeht. Ende der vertikalen Dimension, Ende der Überschreitungen und Verbote, Ende der Revolutionen, Ende der Orgie.

Gleichgültigkeit gegenüber jeder vorhandenen Lösung.

Mittagessen mit Fabius. Was für eine Naivität, aus einer gewissen Ähnlichkeit zwischen Intellektuellen und Schauspielerinnen Licht auf die Regierungskunst werfen zu wollen! Was wollen die Leute? Warum begeistern sie sich für nichts? Warum ergibt das, was man für sie tut, negative Meinungsumfragen? Daß dieser Mann, der sicherlich nicht ohne eine bestimmte Portion List ins Matignon eingezogen ist, der sehr wohl berechnet haben muß, was er an Gerissenheit, bösem Willen, an Gaunerei und Stolz in eine erfolgreiche politische Laufbahn investiert, daß dieser Mann eine solche Unbedarftheit an den Tag legen kann, was die perversen Mechanismen der Gleichgültigkeit des Volkes angeht, und die Apathie und Perfidie der Massen, ihren Mangel an Vorstellungskraft und Teilnahme, das Fehlen eines kollektiven Mythos usw. beklagt (während es doch gerade dieser Gleichgültigkeit der Massen zu verdanken ist, daß er und andere heute an der Macht sind) und sich über die Leere des sozialen Universums beschwert, ohne offensichtlich die Leere der Macht selbst zu bemerken (weswegen er sie so wunderbar besetzt), bringt mich durcheinander. Man fragt sich, wie er mehr als zwei Tage in dieser Rolle und mit diesem Rüstzeug überleben kann. Das Volk langweilt sich? Setzen Sie es in Erstaunen, sonst wird es sich auf Ihre Kosten amüsieren. Es wird die Überraschung im Spektakel suchen (dem der Medien oder des Terrorismus), wenn man es ihm nicht auf der politischen Bühne bietet. Überrascht werden zu wollen, bleibt die große Leidenschaft der Individuen und Völker. Und nichts von dem, was Sie gemacht haben, hat überrascht. Das Volk bestürzen, indem man ihm die Wahrheit sagt? Geschwätz. Die Wahrheit ist sehr gefährlich, denn der, der sie sagt, glaubt als erster an sie. Es genügt aber, daß ein Politiker an das, was er sagt, glaubt, damit die anderen nicht mehr an ihn glauben: das ist die dem politischen Bereich anhaftende Perversion. Es ist sinnlos, wahr zu sein, es bedarf des Glanzes der Wahrheit. Es nützt nichts zu lügen, es bedarf zudem des Glanzes der Lüge. Daran werden es die Sozialisten bis zum Schluß fehlen lassen. Sie werden viel gelogen haben, sie werden oft die Wahrheit gesagt haben, aber sie werden weder aus dem einen noch aus dem anderen jemals eine glänzende Aktion gemacht haben. Es stimmt, daß die Wahrheit ihrerseits Anlaß für einen politischen «Coup» sein kann, dahin ging der Ehrgeiz von Fabius, aber man darf nie an die Wahrheit der Wahrheit glauben, sonst bringt man sie um ihre Wirkung. Man muß die Wahrheit als Herausforderung nehmen, man muß mehr tun, als nur das strenggenommen Wahre sagen. Die Wahrheit muß überraschen, sonst ist sie eine Dummheit. Das ist der politische Leidensweg der Affäre Greenpeace. Wenn ein Premierminister das nicht weiß, liegt er daneben. Und diesen Eindruck hinterläßt Fabius: er ist sich seines Ehrgeizes bewußt, aber von der Unmoralität der Sitten weiß er nichts. Ich hatte die Göttliche Linke in Person vor mir.

Theorie basiert nicht auf angeeigneten Tatsachen, sondern auf kommenden Ereignissen. Ihr Wert liegt nicht in den Ereignissen, die sie erhellt, sondern in der Schockwirkung der Ereignisse, die sie vorwegnimmt. Sie wirkt nicht aufs Bewußtsein, sondern direkt auf den Verlauf der Ereignisse, aus der sie ihre Energie bezieht. Man muß sehr wohl unterscheiden zwischen ihr und gymnasialen Philosophieübungen und allem, was im Zusammenhang mit Ideengeschichte geschrieben wird.

Die lusitanische Gentilezza. Schönheit Lissabons. Capanica, die Steilküste der Vergewaltigung, Charnica, Feuerwerk und Volkszirkus. Der Palast am Ufer des Tage. Linda Lolita. Schubert im Palacio Queluz. Der Markt der Diebe. Das Restaurant am Strand. Tausendmal kommt der Kellner, um nachzufragen, ob alles in Ordnung ist, ob der Wein frisch, ob der Fisch genug durch, ob jedermann zufrieden ist. Beim tausendundeinen Mal erklärt ihm M. offen, Auge in

Auge: hör mal her, alles ist perfekt, es ist *das Glück!* Er steht da wie gelähmt, verstummt und verschwindet endgültig.

Dunkerque. Die Bewegtheit des Volkes, der explodierende Champagner, die alten Arbeiter, die beim Stapellauf des letzten Bootes der Schiffswerft weinen. Eine kollektive Hymne zum Arbeitsschluß. Denn niemand will dieses riesige Schiff. Es ist reiner Akt. Es trägt nicht einmal einen Namen, man wagte es nicht zu taufen, da es die Frucht der vereinigten Sterilität von Erde und Arbeit ist, wie Marx sagen würde, dessen Gesicht ich gerne vor diesem bestürzenden Produkt der Produktivkräfte gesehen hätte. Man hat ihm das Kürzel 331 gegeben. Es wird nur der Produktionswut und der Eitelkeit des Produzierens, die noch Generationen zum Verzweifeln bringen wird, als Vorwand gedient haben. Dieses fabelhafte Objekt, Zeugnis der riesigen nutzlosen Menschenkapazität, muß sofort in ein Museum, in eine Neonkrypta eingesperrt werden, zusammen mit all den Arbeitern, die nun keine Sklaven des Kapitals, sondern nurmehr solche der Legende der Arbeit sind, zu Lebzeiten Teil der Fabriklegende geworden.

Der Mensch hat die wichtigste Fähigkeit des Affen verloren: sich am Rücken zu kratzen. Daraus resultierte die besondere Autonomie und die Freiheit, sich aus anderen Gründen zusammenzuschließen, als um sich den Rücken zu kratzen.

Durch Blätter wie durch Schnee stapfen, im verrückten Licht der toten Zitadelle, deren Prinz sich einst gegen den König erhoben hat, weshalb die Mauern geschleift wurden.

Die Performance der Magazini Criminali in Rimini: sie verwandeln das Schlachten eines Pferdes vor Ort und sein Abdecken in ein rituelles Opfer für Hunderte von Zuschauern. Große Aufregung rund herum. Sicherlich. Das Widerwärtige daran ist jedoch nicht das Spektakel des Todes als solches, sondern daß darin weder für die Schauspieler noch für die Zuschauer ein kollektiver Sinn liegt, wo doch der Wert des Opfers seit langem zugunsten einer weltweiten Semiologie der Gewalt und des Blutes verlorengegangen ist.

Das Gleichgewicht ist immer in der Krise, freilich ohne besondere Folgen. Die Nadel kreist nur um ein hypothetisches Zentrum, um eine statische Mitte. Die Schwingungen führen keine Umkehrung mehr herbei, da es kein Gravitationszentrum des Systems mehr gibt. Die Krise von 29 kann sich heute nicht mehr wiederholen. An ihre Stelle ist eine fortwährende Krisensimulation getreten. Ebenso können die heroischen und inneren Werte einer Gesellschaft zusammenbrechen, während dieselben in renovierter, simulierter und gelieferter Form (man sehe sich nur Reagan an) keine Katastrophe mehr herbeiführen. Ihr Gewicht bringt sie nicht mehr zu Fall. Sie flottieren oder folgen wie die Wechselkurse den Bewegungen der Schlange.

Deshalb halten wir es auch mit unserem Leben so: einen Flottierer auf jeder Seite schreiten wir vorwärts, indem wir über eine hypothetische Gleichgewichtslinie wanken, weit ab von fatalen Neigungen.

Sich gerührt an das Pompeji der 60er Jahre erinnern, das dem Jahr 1800 noch nahe stand, wie es Goethe und die Reisenden des 18. Jahrhunderts gesehen haben, wie ein Holzschnitt, noch von Ausgrabungen und ländlicher Naivität geprägt. Dann in Gedanken zum Ursprung zurücksteigen, zum Augenblick der Katastrophe: der absolute Traum. Über die unheilbare Nostalgie und das dauernde Bedauern lächeln (selbst die Ruinen waren in der Vergangenheit schöner) und dennoch die Frische dieses Bedauerns bewahren.

Wir lesen die Ordnung oder Unordnung der Welt in den Kurzmeldungen. Die Katastrophe von Trento, die Boeing der Air India, der Flughafen von Beirut, das Drama von Heysel, das sind im Gegensatz zu den «politischen» die einzigen hervorstechenden Ereignisse, da sie heimlich aufeinander Bezug nehmen und in poetischer Form alle Informationen über die Welt enthalten. Wie sollte man sie nennen? Drama, kollektives Psychodrama, Unfälle, Terrorismus, Komplott, Katastrophe? Sie sind all das zugleich und faszinieren eben aufgrund dieser Ungewißheit. Sie sind wie die schwarze Schachtel des abgestürzten Flugzeugs. Im allgemeinen enthält sie nichts besonderes, oft findet man sie nicht einmal. Und doch ist sie ein Miniaturhologramm des Ganzen. Die schwarzen Schachteln antworten einander, es ist an uns, ihre Wellenlänge zu empfangen.

In der Umgebung von M. wurden alle Kreuzungen durch häßliche Gyroskopien* ersetzt, die viel gefährlicher sind als herkömmliche Kreuzungen. Nichts ist schöner als zwei sich kreuzende Straßen. Und nichts ist lächerlicher als zwei Straßen, die sich ineinanderschlingen, um einander zu entgehen, und den Benutzer zu einem Exzeß sinnloser Zeichengebung verurteilen. Die Dummheit der modernen Technologien: die Straßen kreuzen sich, ohne sich zu berühren, das ist die Philosophie des Wechslers. Bei den Menschen heißt das Kommunikation.

---

* Baudrillard'scher Neologismus: Über- und Unterführungen, Straßenschleifen

Sobald er kommt, wird es still, wie wenn man über Land geht und die Grillen auf mysteriöse Weise verstummen. Die Zone des Schweigens verlagert sich mit ihm wie ein Auge und das Zirpen hebt wieder an, sobald er vorbei ist. In diese Zone dringt das Schicksal nicht mehr ein, alles schweigt, die Leidenschaften verlöschen, es ist die ideale Zone, um das Zirpen der Welt zu ermessen.

Jedes Aufhören eines Kreises von Aktivität, Leiden oder Lust wird durch eine symbolische Selbstbefriedigung geheiligt. Eine Art mythologisches Opfer, um ein Ereignis, ein Blinzeln des Genusses, einen Endrausch offenzulegen. Auch in der Gesellschaft wird das Ende eines Zyklus mit einer symbolischen Masturbation bezahlt, von der es nicht mehr weit zur wirklichen Melancholie ist. Das war für uns der Sozialismus.

Durch seine berühmte Geste, eine Seite aus der Schreibmaschine zu ziehen, macht sich der Schriftsteller oder Journalist dem Helden des wilden Westens, der blankzieht, gleich.

Eine einzige Methode für «Amerika»: für eine gegebene Zahl von Fragmenten, Notizen und in einem bestimmten Zeitabschnitt gesammelte Berichte *muß* es eine Lösung geben, die sie *alle*, einschließlich der banalsten, ohne Addition oder Substraktion, in ein notwendiges Ganzes zusammenführt – die Notwendigkeit hat selbst überall im Hintergrund über diese Sammlung gewacht. Die Hypothese aufstellen, daß dieses Material das einzige und beste ist, weil es sich heimlich dem Gedanken unterordnet, daß alles, was mit derselben Besessenheit gedacht wurde, einen Sinn hat, daß es also zwangsläufig eine Lösung für das Problem seiner Rekonstruktion geben muß. Die Arbeit geht aus von der Gewißheit, daß alles schon da ist, und daß es genügt, den Schlüssel dafür zu finden.

Die Information kann uns alles sagen. Sie hat alle Antworten. Aber es sind Antworten auf Fragen, die wir nie gestellt haben, und die sich sicherlich nie stellen werden.

Wie es Männer an der Macht braucht, um uns die Widerwärtigkeit ihrer Ausübung zu ersparen, braucht es gelehrte Männer, um uns die Widerwärtigkeit des Wissens zu ersparen.

Krebs und Terrorismus besetzen Bruchzonen. Sie werden in verwüsteten, desintensivierten, verlassenen Zonen geboren. Körper und Soziales sind heutzutage verwüstete Zonen.

Der Zugführer, der einen Unfall mit 42 Toten verursacht hat, gesteht, daß er das Signal wohl wahrgenommen, daß er es sogar an seine schwarze Schachtel weitergegeben hat, daß er aber nicht abgebremst hat. Wirkungslose Reflexwahrnehmung. Automatische, aber inhaltslose Reaktion auf das Zeichen. Geschlossener Kreislauf von Hirn und Maschine. Interaktion mit der schwarzen Schachtel, aber nicht mit der Welt. Das ist die tiefe Logik der Kommunikation – ans Zeichen angeschlossen zu sein und wieder ein Zeichen abzugeben, auf die Zeichen eher mit Zeichen als durch Handeln zu antworten. Darin zeigt sich die Logik der Kommunikation, sie ist für derartige Unfälle verantwortlich und nicht irgendein menschliches oder organisatorisches Versagen.

Krebs: Der Kode ist gestört, zersetzt sich, läßt gleichgültige Zellen wuchern. Krankheit der Information. Aids: Aufhebung der Immunität (der geheimen Abwehrkräfte des Körpers). Heimsuchung der Kontiguität, der Säfte (Sperma, Blut, Speichel), des Kontakts. Krankheit der Kommunikation.

Und wenn all das für eine wilde, instinktive Weigerung der Säfte der Kommunikation, des Spermas, des Sexes und des Redens stünde? Wenn sich darin ein «instinktiver», vitaler Widerstand gegen die Ausbreitung der Säfte und der Kreisläufe kundtäte – zum Preis einer neuen tödlichen Pathologie, Aids und Krebs, die uns vor etwas noch Schlimmerem bewahrt oder wenigstens als Alarmzeichen dient? Die Neurose ist das, was der Mensch sich erfindet, um sich vom Wahn zu befreien.

Vorausgesetzt, man hätte auf eine Stunde genau das Erdbeben in Mexiko vorausgesehen, was wäre dann das Vordringlichste gewesen? Die Bevölkerung zu evakuieren oder die Weltübertragung der Bilder zu garantieren? Jeder Journalist bedauert unterbewußt, daß einem bei solchen Gelegenheiten immer die schönsten Katastrophenbilder entgehen. Wenn man das Erdbeben vorausgesehen hätte, wer hätte dann die Satellitenübertragung verpaßt? Niemand. 1981 in Italien waren auch die Medien vor den Hilfsmannschaften da.

Es ist die Frage, ob beim Rendezvouz mit der Katastrophe nicht eine Menge Schaulustige über Mexiko hergefallen wäre. Ganze Charterflüge voll gieriger Snobs wären gekommen, um die Mexikaner zu ersetzen, die sich davongemacht hätten.

Den Chorus rühmen, den Cirrus peitschen, den Virus schütteln, den Tonus preisen, den Habitus glorifizieren, den Stratus mystifizieren, den Kurs(us) abwägen, den Prozeß(us) terrorisieren.

Wir treten in eine Periode intensiver Kadaverhaftigkeit ein, die unsere Vorstellungskraft sprengt. Man muß auch da wählen und sich eine persönliche Nekrologie zurechtlegen. Ein Vorgeschmack vom Jahrhundertende?

Alles, das Lancieren einer Zeitung, eines Bootes, eines kommerziell ruinösen Flugzeugs, eines Straßennetzes, läßt sich heutzutage in letzter Instanz immer mit dem Argument rechtfertigen, daß damit Arbeit geschaffen wird. Diese in sich sinnlose Beweisführung ist unser Alibi, unser letztes Sakrament, unsere letzte Ölung.

Jenseits einer gewissen Schwelle der Verausgabung schießt die Energie über. Wenn man oft genug Liebe macht, kann man es endlos treiben. Die Hysterie wird total, die Verausgabung preist sich selbst, kein wirtschaftliches Prinzip gilt mehr. Zur Serienproduktion des Übermackers benutzt man sogar die Energie des Toten, der Kadaver hört nicht auf zu strampeln. Er strampelt sogar besser als der Lebende, da er keine Probleme mehr hat. Der Todestrieb multipliziert die motorischen oder erotischen Wirkungen durch das Trägheitsprinzip.

Im Flugzeug, kurz vor der Landung: «Meine Damen und Herren, Ihr Unbewußtes, bitte!»

Sich einen Abend lang in die Harfenspielerin des Opernorchesters mit ihrem schwarzen Dekolleté und ihrem Goldkollier verlieben. Das Spiel ihrer Lider und Wimpern, ihrer Hände und ihres

Blicks hat mich mehr beschäftigt als die aufwendige Inszenierung von Berio. Die Musiker waren jedenfalls schöner als die Schauspieler, und ihre kleinen Vergnügen, ihre geheimen Zusammenkünfte, ihre Mimik im Orchestergraben waren viel wahrer als das lächerliche Drama, das über ihnen gegeben wurde.

Nichts reicht an die Einsamkeit eines Pianisten in einem großen Hotel heran. Ihn umgibt nur der Lärm der Cocktails und Mondänitäten, er ist mit seiner Melodie einsamer als auf einer Insel. Und dennoch hält er einen Moment lang inne, die Leute klatschen. Man ist doppelt erstaunt: diese Musik hatte also doch ein Ende und die Leute hörten doch zu. Er spielte etwas und er spielte nicht für nichts? Er selbst scheint verblüfft. Aber er weiß insgeheim, daß dieser Beifall nur wegen der Stille der Musik erklingt, von der diese verrückten Köpfe nur soviel wahrnehmen wie von dem Zucker, der in ihren Gläsern zergeht. So beeilt er sich wie die kahle Sängerin, die Melodie wieder anzustimmen.

Der Sündenbock ist nicht mehr das, was er einmal war. Man stürzt sich nicht mehr auf ihn, man weint über ihn (die Menschenrechte, die Dissidenten, die Punks usw.). Er bleibt dennoch der Sündenbock, er ist immer derselbe.

Wenn es eine Lösung gibt, gibt es kein wirkliches Problem mehr.
Wenn es eine Antwort gibt, gibt es keine wirkliche Frage mehr.
Dann ist das Problem Teil der Lösung und die Antwort Teil der Frage.
Und so gibt es keine Lösungen ohne Probleme und keine Antworten ohne Fragen.
Glückliche Zeit, in der wir nur Fragen hatten ohne Antworten und Probleme ohne Lösungen.

Die Menschenrechte, die Dissidenz, der Antirassismus, SOS, SOS, das sind die weichen Ideologien, easy, post coitum historicum, after the orgy, zum Gebrauch für eine leichtlebige Generation, die weder harte Ideologien noch radikale Philosophien kennt. Die Ideologie einer auch politisch neo-sentimentalen Generation, die den Altruismus, die Geselligkeit, die internationale Caritas und das individuelle Tremolo wiederentdeckt. Herzlichkeit, Solidarität, kosmopolitische Bewegtheit, pathetische Multimedia: lauter weiche Werte, die man im Nietzscheanischen, marxistisch-freudianischen (aber auch Rimbaudischen, Jarryischen und situationistischen) Zeitalter verwarf. Diese neue Generation ist die der behüteten Kinder der Krise, während die vorangegangene die der verdammten Kinder der Geschichte war. Diese jungen, romantischen, herrischen und sentimentalen Leute finden gleichzeitg den Weg zur poetischen Pose des Herzens und zum Geschäft. Sie sind Zeitgenossen der neuen Unternehmer, sie sind wunderbare Medienidioten: transzendentaler Werbeidealismus. Dem Geld, den Modeströmungen, den Leistungskarrieren nahestehend, lauter von den harten Generationen verachtete Dinge. Weiche Immoralität, Sensibilität auf niedrigstem Niveau. Auch softer Ehrgeiz: eine Generation, der alles gelungen ist, die schon alles hat, die spielerisch Solidarität praktiziert, die nicht mehr die Stigmata der Klassenverwünschung an sich trägt. Das sind die europäischen Yuppies.

Listing der Existenz
Existentielles Design
Schlüssel zum Tod in der Hand
Nicht das Unendliche: das Exponentielle

Unsere ganze auf das Jahrhundertende zusteuernde Kultur ist wie die der Fliegen bei Winteranfang. Verträumt und verwirrt, ohne Agilität, drehen sie sich langsam vor der Scheibe, in den ersten eisigen Morgennebeln. Sie machen ihre letzte Toilette, ihre Punktaugen kippen über, sie fallen von selbst den Vorhang hinab.

Gegenüber dem Ziel(Objektiv) überkommt mich die Versuchung, mich aus einem Verteidigungsreflex heraus tot zu stellen. Dasselbe gilt beim Fotografieren auch für die andere Seite des Objektivs: man wird unbeweglich, man entleert sich für einen kurzen Augenblich seiner Substanz, um das Objekt zu überraschen.

Die Verweichlichung des Denkens hat mit der Ideologie des offenen Herzens begonnen: den neuen Philosophen. Dann kamen die vorgeblichen Romantiker. Dann das Revival der Philosophie im allgemeinen. Dann die Euphorie der neuen Unternehmen und Geschäfte. Der soziale «Naturalismus» des Neoliberalismus. Überall haben sich geliftete Werte, ein rührender Dynamismus, eine knabenhafte Religiosität durchgesetzt, in der die Liebe locker die Oberfläche abgibt. Das gibt der Horde die Möglichkeit, die Reihen im Moment der größten Zerstreuung der Gattung zu schließen.

Sinowjew kümmert sich nicht um die westliche Intelligenz, mit ihrer Finesse und Sophistik. Er weiß, daß die massive, uneinsichtige Realität auf der anderen Seite des eisernen Vorhangs interessanter ist als unsere dialektischen und interaktiven Prozesse. Er bezieht die Kraft seiner Ironie aus der Kraft der Dummheit. Wenn wir diese Dummheit noch nicht besiegt haben – sagt er im Wesentlichen – , dann werdet auch ihr sie nicht überwinden. Und er hat verteufelt recht. Oder auch: ihr seid uns gegenüber absolut im Rückstand, da wir das Schlimmste schon kennengelernt haben, während ihr es erst noch kennenlernen müßt. Dem ist nichts entgegenzuhalten. Die Dissidenten? Was den Fall Sacharow betrifft, sagt Sinowjew, sind die westliche und östliche Welt *gleichermaßen Nutznießer* und gleichermaßen verantwortlich für diese bedauernswerte Lage. Ihr habt keine Gelegenheit zur Umkehr, denn wir sind eine fortgeschrittenere Form, die soziale Form nach der Katastrophe, die des Überlebens. Ihr seid noch am Leben, wir sind schon am Überleben. Jedenfalls ist eure Gesellschaft künstlich: sie hält um jeden Preis Illusionen aufrecht, aus denen wir schon die Konsequenzen gezogen haben. Hofft nicht darauf, daß sich der Kommunismus entwickeln wird, ihr selbst werdet nach und nach denselben Weg einschlagen wie wir, ihr seid uns schon ziemlich ähnlich.

Wünscht der Westen die Vereinigung, die Liberalisierung, die Auflösung des sowjetischen Blocks? Keineswegs. Er verlöre, was er als Ideologie braucht: die Existenz des Gegenblocks, dem er strukturell angegliedert ist. Das Schmelzen dieses Eisblocks brächte das ganze Verteidigungssystem und das Profil der westlichen Werte durch ihre grenzenlose Ausbreitung durcheinander, wie das Schmelzen des Eises den Meeresspiegel der Ozeane verändern und damit die bewohnten Kontinente einschließlich der Erinnerung an ihre Grenzen auslöschen würde. Wenn der sowjetische Block bei der Hitze der Menschenrechte zu schmelzen begänne, bedeutete das für den Westen eine Katastrophe, die dem plötzlichen Schmelzen des Polareises gliche, oder noch eher dem des Einströmens des sowjetischen Goldvorrats auf den Weltmarkt. Wozu ist es gut, von sozialistischer Hölle zu sprechen? Sie hat die infernalischen Qalitäten, die ausreichen, um die Fiktion unseres paradiesischen Universums aufrechtzuerhalten. Wenn sie sich auch an sich nicht rechtfertigen läßt, so ist sie doch durch die Rolle, die sie in der Struktur des Weltgleichgewichts und im Überleben unserer eigenen Werte spielt, vollständig gerechtfertigt. Sie haben keinen absoluten Wert im Hinblick auf irgendein Ziel des Menschen (keine objektive Göttlichkeit bestätigt die menschliche Überlegenheit des westlichen Blocks gegenüber dem östlichen), sie haben nur relativen Wert in dieser geregelten Opposition von Paradies und Hölle.

Wir sind in gewisser Weise das Äquivalent der «erhabenen» Arbeiter des 19. Jahrhunderts: Ausnahmesituation, distinktiver Charakter, Tugend, Dämon der Philosophie, Dämon des kritischen Kunsthandwerks, königliche Gleichgültigkeit gegenüber dem Industrieschicksal.

Wenn man die Frage der Menschenrechte weggefegt haben wird, wird man eine relative Bevorzugung der Unfreiheit im Osten wie im Westen, im Süden wie im Norden, auftauchen sehen. Dann erst wird man vor dem wirklichen Problem stehen. Sinowjew ist der paradoxe Denker dieses Stands der Dinge: der an die Vollkommenheit der Modelle gebundenen Knechtschaft, der Ununterscheidbarkeit von Paradies und Hölle.

Die Kunst Christos gelangt in der Verpackung zu erotischer und ästhetischer Qualität, während wir uns schon lange an die Vulgarität einer Ästhetik des Entkleidens gewöhnt haben. Schlechte Werbung preist die Dinge an, indem sie sie sichtbar macht, zu sichtbar, Christo dagegen betont eine Form, indem er sie versteckt. Er wirbt in rätselhafter Weise für sie, in gerader Fortsetzung der Baudelaireschen Unterscheidung: wahre Künstler sind die, die der Ware einen heroischen Status verleihen, während die Kleinbürger ihr in der Werbung nur einen sentimentalen Stand geben.

Den Boden einwickeln, ihn ankleiden, das bedeutet, der Stadt den Charme eines Interieurs, eines öffentlichen Platzes, wie in manchen italienischen Städten, zu verleihen. Besonders, wenn die warme und verschleierte Septembersonne der verschleierten Kalligraphie des Ganzen entspricht.

Die Simulakren werden heute überall in ihrer realistischen Version akzeptiert: es gibt Simulakra, es gibt Simulation. Übrigens ist die intellektuelle und mondäne Version dieser Vulgarisierung die schlimmste: alles ist Zeichen, die Zeichen haben die Realität abgeschafft usw. Wer hätte vor zehn Jahren gesagt, daß das Zeichen so schnell in die Sprache der Hinterwäldler eindringen würde? Wie das Proletariat, die Dialektik, das Unbewußte: all das wird nicht einmal das Jahr 2000 überschreiten.

Der von Mongoloiden gespielte Sturm vor dem ultramondänen Parterre von Ministern und Stars. Fondation Kennedy. All diese Shakespeareschen Mongoloiden werden morgen vom Papst empfangen. Flirt einer Gesellschaft mit ihren schlimmsten Abfällen. Wer sind die Mongoloiden in dieser Konjunktur?

Die Reichen geben dir nie etwas (sagte A): Reichtum kennt kein Erbarmen, er vögelt dich immer. Die an Intelligenz und Macht Reichen machen dir auch keine Geschenke. Sie lassen dich um so teurer bezahlen, je mehr ihr Kapital symbolisch ist.

Sich dieses unbarmherzige Gesicht des Reichtums der Burgherrin Báthory ansehen, die ihre jungen Bäuerinnen quält. Sie wurde wenigstens noch gequält, lebend in totale Dunkelheit, absolutes

Schweigen und ihre Ausscheidungen eingemauert, mit einem Loch in der Wand für die Nahrung. Die Blutbäder, die sie genommen hatte, verliehen ihr die wilde Energie, zwei Jahre lang in Dunkelheit auszuharren.

Denkend in dieser weichen Epoche durch die Straßen Roms schlendern. Hier ist alles zutiefst inzestuös, aber auf andere Weise als Erzsébet Báthory, für die alle Bauernmädchen ihre Töchter waren, deren Inzest sie mit dem Blut bezahlte. Ein sadistischer und gewaltsamer Inzest, wohingegen die ganze römische Kultur einen spirituellen und weichen Inzest praktiziert. Einen mit dem Fetischismus verwandten: dem der Mamma, der Schwester, des jungen Erwachsenen, der Jungfrau und der Heiligen, all das dreht sich in derselben inzestuösen Spirale. Körperliche Perfektion des Details, körperliche Weichheit des Marmors, schlüpfrige Transparenz der Quellen, der Nabel des Platzes im Innern der Gäßchen, und das überall fließende Wasser. Wunder einer Urbanität ohne Bankrott, einer totalen Zivilität, sogar der Ruinen. So weit man auch nach Italien vordringt, findet man nirgends Natur, nur immer barocke Figuration.

Die Idealfrau ist wie die Città Ideale. Reine und wüstenhafte Form, mit etwas Eifersucht auf die frische und bedeutungslose Dunkelheit, von der sich ein paar Grünpflanzen und manchmal ein allegorisches Wäschestück abheben.

Es gab schon Situationen, in denen die Geschlechter sich endgültig voneinander zu entfernen schienen, aus Sublimierung oder Keuschheit oder wie heute, aufgrund des Schillerns des Unterschieds. Gegen Ende des römischen Reichs, zum Ende des Mittelalters. Stimmung des Weltendes – die Jahrtausendstimmung bringt die Geschlechter entweder frenetisch einander näher oder entfernt sie unwiederbringlich.

Verführen bedeutet für eine Frau, sich auf einen leeren Platz gleiten zu lassen, wo ihre Idealform schon von allen Vorgängern vorgeprägt wurde. Verführen ist für eine Frau der Akt einer Tiergattung, und alle werden zu Komplizinnen des kleinsten Verführungsaktes einer von ihnen. Es gibt eine Kette weiblicher Verführung. Der Mann steht vor einer bedrückenden Aufgabe: sich über eine von ihnen dem Bild und Urteil aller zu stellen. Das Spiel ist ungleich, und man versteht, daß man zunehmend weniger riskiert. Jedenfalls hat sich die Frau immer den einnehmenden Teil der Verführung (die Verführerin) reserviert, er hat sich immer mit dem leicht lächerlichen Part zufriedengeben müssen (der Verführer). Es ist für den Mann schwierig, in das Spiel sexueller Objekte einzusteigen und seine Weiblichkeit zu simulieren. Denn es gibt keine Kette männlicher Verführung. In die Komplizität wünschbarer Objekte oder in die Komplizität der Gattung der Männer untereinander einzusteigen, wie es die Frauen unter sich machen, ist unmöglich. Kein heimlicher Pakt schützt den Mann in seinem Unternehmen.

Am Tag des Weltendes wird es niemanden mehr geben, wie es am Anfang niemanden gab. Das ist ein Skandal. Ein solcher Skandal für die Menschengattung, daß sie kollektiv oder aus Trotz dieses Ende mit allen Mitteln herbeizuführen sucht, einfach, um bei dem Spektakel dabei zu sein.

Kleine Stammesfeuer unter Intellektuellen, auf der Fünften Avenue, um übers Weltende zu reden. Der Einfall, darüber gerade in New York, im Epizentrum, zu sprechen, erscheint naheliegend.

Denkt man jedoch darüber nach, wird er unsinnig, da New York schon das Weltende ist, es ist sinnlos, sich das Szenario in Miniatur vorzustellen, das seinem Modell weit unterlegen ist. Höchstens eben aus dem Grund, die Vorstellung vom Ende der Welt vor dem realen Ereignis zu retten – was die normale Tätigkeit der Intellektuellen ist.

Challenger, Tschernobyl: die einzigen glücklichen Unfälle, wie das Anhalten des Systems auf dem Bild. Wie das Foto die Bewegung anhält und ihr den unvergeßlichen Charakter wiedergibt, den sie verloren hatte, so hat die Explosion der Challenger die Raumvorstellung wiederhergestellt. Die Fotos der Challenger waren nur deshalb so schön, weil sie die heimliche Bestimmung des Raumfahrtabenteuers festgehalten haben, dessen Geschwindigkeit uns nur eine Scheinbewegung hinterläßt.

Vom Holocaust zum Hologramm: ein schönes Programm.

Man fotografiert gut nur bei hellem Licht, an Tagen der Transparenz oder bei bleiern grauem Himmel. Die Farben explodieren im einen wie im anderen Fall, sei es aus Glanz oder aus Stumpfheit. Ebenso schreibt man nur gut in totaler Erleuchtung oder tiefer Melancholie.

Ich gelange über einen verschneiten Weg zu einer Art Schloß. Das Zimmer, das ich betrete, ist überall, sogar auf den Möbeln und an der Decke, mit Schnee tapeziert. Durch das Fenster scheine grelle Werbeplakate herein, in blau und rot, fluoreszierend. Ich gehe heimlich durch die riesigen Räume. Hier habe ich einst gelebt. Stimmen kommen näher, ich geniere mich, denn es sind gewichtige Männer, und nichts rechtfertigt meine Anwesenheit hier. Aber ihre Stimmen und Blicke verändern sich, sie werden plötzlich zu tiefen Idioten. Das Schloß ist ein Irrenhaus, eine Krankenschwester liegt auf einem langen Tisch im Säulengang. Ich wache auf, und es hinterbleibt der Eindruck, daß ich selbst genau hier, in einem früheren Leben, verrückt gewesen bin.

Lachen des Weibchens
Geist des röchelnden Lachens des Weibchens
unterbrochenes Lachen einer Albinozuschauerin
transparenter Sex eines Zuschauerweibchens
Weltende in der Fünften Avenue
Juckreiz des Kollaps
Kollaps des Juckreizes
Ontologische Fisteln Hirngespinst
unkeusche(impur) Lippen Lippen expur
Ethik der Agonie.

Man kann einwenden, daß wir dem Anfang der Welt beiwohnen werden, dank der wunderbaren Teleskope, die uns von Nebelsternen zu Quasaren den Weg des Urknalls zurückverfolgen lassen. Die Spuren des Ursprungs sind noch immer im Raum, es genügt, seinen Verlauf zurückzuverfolgen. Aber sie entfernen sich in der Zukunft eben immer weiter. Wir werden diesen Horizont von zeitgenössischen Universumsfragmenten des Weltanfangs nie mehr erreichen. So wird der Anfang für uns nie stattgefunden haben. So wird es auch kein Ende geben, da das einzig mögliche Ende die Wiederanknüpfung an den Ursprung wäre.

Am heutigen Montag, nach Beendigung aller Artikel und der Beantwortung aller Briefe (endlich!), nach Erledigung der Doktorarbeit und dem Fertigwerden mit Amerika – stelle ich heute zum ersten Mal seit zehn, vielleicht zwanzig Jahren fest, daß ich nichts mehr zu tun habe. Kein Projekt, keinen Zwang. Alles, was anstand, ist erledigt, und alles, was jetzt noch kommt, ist irgendwie eine Zusatzexistenz, von der anderen durch dieses Moment der Leichtigkeit, des Leeren, des Erstaunens und der Erleichterung getrennt – sicher ein einzigartiger Moment, den man beim Vorübergehen grüßen sollte und zu dessen Ehren ich eine Schweigeminute eingelegt habe.

Schlaraffenland. Das Schlaraffenland suchen (im Widerruf meiner Cönesthesie, wie Segalen sagen würde). Sabbatische Form.

Der stoische Traum unserer Jugend, die Ablösung, findet sich plötzlich im reifen Alter materialisiert. Ich stehe hier abgelöst in einer Forschungsstruktur mit den irisierenden Farben eines Regenbogens.

Man läßt die Städte nie in Ruhe, sie sind immer am Arbeiten. Man höhlt aus, man zerstört, man baut. Defektion, Refektion. Nur einige Orte Kaliforniens scheinen in ihrem häuslichen Luxus und vorstädtischem Komfort eingeschlafen zu sein und in einer endgültigen Stimmung jenseits der ewigen Dekonstruktion dahinzudämmern. Unsere Körper sind ebenfalls ständig am Arbeiten, immer in Unruhe, werden immer gequält und erneuert. Nie ausgeruht, nie heiter. Es ist unmöglich, sich die Seelenruhe mehr als einige Stunden zu bewahren. Die Ungeduld siegt immer wieder. Jedermann strebt nach Ruhe, heutzutage allerdings auf lächerliche Weise, von letzten kontemplativen Seelenzuständen durchzogen. Auf dem Land heult immer ein Hund. Und Sterilität ist erblich.

Es gibt Dinge, über die man nicht mehr oder noch nicht wieder sprechen kann. Ihr Geist ist noch nicht zur Ruhe gekommen. Der Marxismus?

Es gibt andere, über die man noch nicht oder schon nicht mehr sprechen kann, weil ihr Phantom durch die Straßen läuft und ihr Schatten ihnen vorausgeht. Wie die Information, die Kommunikation?

Man kann nur von dem sprechen, was gerade am Verschwinden ist. Der Klassenkampf, die Dialektik bei Marx, Macht und Sexualität bei Foucault. Die Analyse trägt selbst zur Beschleunigung ihres Untergangs bei.

Wie ein Reptil über den geistigen Teppich gleiten
Nullmentalität
wie ein gelähmter Hund
dem entnervten Meer entgegenstürzen
Wie die letzten Besetzer der Katakomben des Politischen
politisch süßlich
wunderbar geschmeidig
Dialoge zwischen Toten   Jubiläen   letzte Ölung
reine Nekrologie des Jahrhundertendes
Luxurious Serenity
Spectrum Reality
Inconditional Shit

Kalifornien ist nicht mehr, was es einmal war
Rom ist auch nicht mehr, was es einmal war
Keine herrschaftliche Stadt mehr
keine verrückte Gesellschaft mehr
wohin gehen
Berlin   Vancouver   Samarkand?

Foto Marion Kalter

Dieses Tagebuch ist eine subtile Matrix der Faulenzerei.